「場」とはなんだろう

なにもないのに波が伝わる不思議

竹内　薫 著

ブルーバックス

装幀／芦澤泰偉事務所
カバーイラスト／中山康子
目次・本文デザイン／バッドビーンズ
本文図版／さくら工芸社

CONTENTS

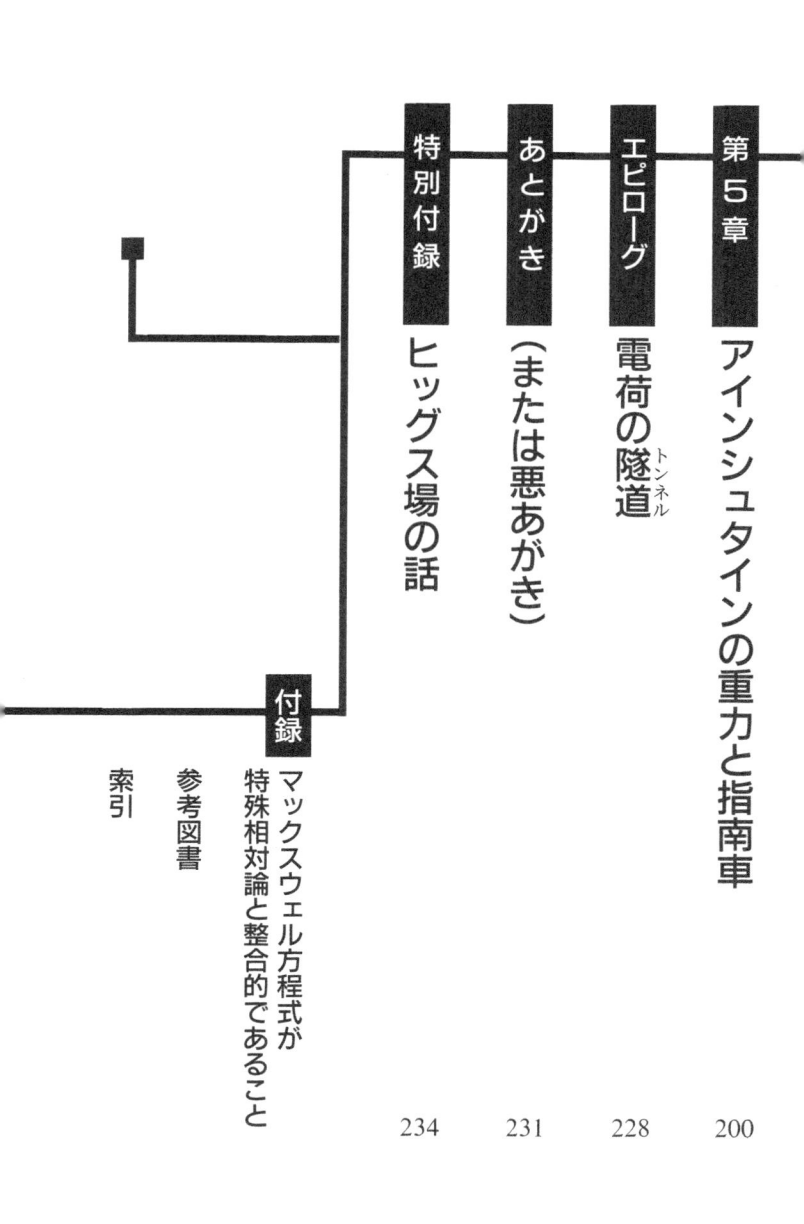

プロローグ
137の謎

なんだ、この題名は？

モーリス・ルブランの書いた怪盗ルパンは『８１３の謎』だったっけ。

数字というものは、もともと神秘的なもので、古来、さまざまな伝承や伝説がある。森羅万象を解き明かしてきた物理学にも手に負えない謎の数字がいくつかある。この「１３７」というのも、そのうちのひとつなのだ。

ちょっと逸話をご紹介しよう。

「パウリの裁定」で有名なドイツの理論物理学者のヴォルフガング・パウリは、大の実験嫌い

で、

「パウリ先生が傍にいると実験がうまくいかない」

という噂があった。

ある日、パウリの所属する研究所で大事な実験がおこなわれていたが、あえなく失敗。現場の物理学者たちは、

「おい、また、パウリ先生がうろついているんじゃないのか？」

と疑心暗鬼になったが、その日、パウリ先生は出張で研究所にはいなかった。

「ま、今回は、パウリ先生のせいじゃないということだ」

「でも、実験装置にも異常はないし、不思議だなぁ」

その日は、機械の調子が悪いということで、実験は中止にして、研究員たちは気分転換にビールを飲みにいくことにした。

翌日、パウリ先生が出張から帰ってきたので、実験物理学者のひとりが冗談交じりに、

「パウリ先生、昨日、また実験がうまくいかなかったんです。でも、先生は研究所にいらっしゃらなかったので、先生の汚名は晴れました」

と話しかけた。

パウリ先生、しばらく頭をかしげていたが、おもむろに、

「それはいつごろのことかね？」

と訊ねた。

「は？　ええと、午後の一時三十七分ころです」

すると、パウリは大声で笑い出した。

「いやっはっは。出張先から別の場所へ汽車で移動しておってな。一時三十七分には、ちょうど、この研究所の目と鼻の先を通過しておったわ」

というわけで、やはり、パウリ先生の神通力で実験が失敗したことがわかり、一同、あらためて、パウリ先生の影響力に畏れをなしたという。


ちなみに、「パウリの裁定」というのは、物理学の仮説に対してパウリが下した裁定のことで、パウリがオーケーを出さない仮説は、ことごとく葬り去られる運命にあったそうだ。

このパウリの裁定のおかげで運命が狂ってしまった人の話がある。

素粒子は「スピン」という一種の自転をしているのだが、これを最初に考えたのはクローニッヒという人だった。ところが、スピン仮説の論文を『ネイチャー』に投稿したのは、ウーレンベックとカウシュミットという二人の若い物理学者であった。

いったいなぜか？

この辺の事情は、トーマスという物理学者がカウシュミットにあてた手紙を読むと理解できる。

「君とウーレンベックは、パウリが耳にする前に、回転する電子の論文を発表して人々の話題になって、とても運がよかったと思う……一年以上も前にクローニッヒは電子が回転すると信じて、それなりの結果を出した。ところが、最初に見せた相手がパウリだったのだ。パウリが酷《ひど》く虚仮《こけ》にしたので、最初の相手が最後の相手となり、それ以来、誰もその説を耳にすることはなくなったのだ」

パウリの裁定のおかげで大論文を発表し損なったクローニッヒ。怖いもの知らずの若者だったウーレンベックとカウシュミットが、かわりに大いに注目を集めた。この話、朝永振一郎博士の名著『スピンはめぐる』に出てきて、思わず笑ってしまう。

さて、パウリ先生の最期を看取った人が語ったと噂される逸話が残っている。

パウリ先生は、亡くなる直前、病院に入院した。そのとき、見舞いに訪れた友人に、こう語ったのだという。

「きみ、この病室の番号を見たかね？」

「ああ１３７」

「どう思う？」

「いや、幸運の番号だと思うね」

「これは、はたして、偶然なのだろうか……」

そう、パウリが入院した病室は、１３７号室だったのだ。

もっとも、パウリにとって１３７は幸運の番号ではなかったようで、パウリは、その後、快復することはなかったらしい。

この話、大学院のときに、先輩から聞いたもので、ちょっと怪しいが、もっともらしい逸話ではある。

さて、「１３７」の正体や如何《いかに》？

実は、この数字は、微細構造定数というものの逆数にあたる。なにやら難しい感じがするが、ぶっちゃけた話、電子の電荷、つまり、素電荷eの二乗の逆数にあたる。

$$e^2=\frac{1}{137}$$

なのである。ただし、これは近似値ですが。

なぜ、素電荷の二乗の逆数である１３７が、パウリが気にした「謎」の数だったのか？

実は、137の謎は、本書の主題の一つである「くりこみ理論」と密接に関係しているのです……。

第1章 梯子をはずされたマックスウェル

この章では「場」を具体的につくることによって、ファラデーやマックスウェルの考え方の本質に迫ってみたい。

波動には、ふつうは、波動を伝える媒質《ばいしつ》というものが存在する。身近な例をとってみても、地震には地殻があるし、海の波には水などの分子があるし、音波には空気の分子がある。

だが、電磁波を伝えるはずの媒質、すなわち、エーテルは、実験的に存在しないことがわかっている。

媒質がないのに波動が伝わる……。

それが「場」というアイディアの真骨頂なのです。

§場のからくり

ちょっと告白めいた導入になります。

「場の本質をえぐるような本を書け」

といわれて、僕は、はたと困ってしまった。

半年も構成を考えていたのに、いっこうに筆が進まない。別にからだの調子が悪いわけでもないし、暑さで頭がボーッとしているわけでもない。なぜ、こんなに書くことができないのか？

不思議なことに、この本の原稿ができあがってみると、第1章だけが、どこか浮いている。第2章のファインマン図のあたりからは筆が進んで楽しく仕事ができたのに、「場の本質をえぐっている」べき第1章だけ、やけに重いのである。

編集担当のAさんと鎌倉の喫茶店で打ち合わせをしていて、やはり、そこを突かれた。

「いやあ、竹内さんにとっては、場というのは空間にベクトルや行列が分布しているだけのことで、当たり前すぎて、かえって書きにくいのでは？」

うーむ、腕を組んで考え込んだ末、どうやら、直観的な解説をしようとしすぎて泥沼に片足を突っ込んでいたことに気がついた。

そもそも、「場」というのは、「抽象」の世界の話なのだ。それを無理に具体的かつ直観的に説明しようとあがいた結果、なんとも退屈な書き出しになってしまったのである。

美術館で抽象絵画を前にして、難しい顔して、腕を組んで、しきりに首をひねっているような感じかもしれない。

「この絵は、いったい、何を描いたものなのだ？　茶碗かエビか、それとも猫か踊り子であるか？」

具象画でない以上、具体的なモデルを探して悩んでみてもしかたがない。心象風景や音や思想といった抽象的なテーマは、具体的なモノのモチーフで描かれないこともある。

というわけで、開き直ってみることにする。

「場」というものが、わかったようでわからないような不可解な存在であるのは、やはり、電磁場の構造が大きく影響しているようだ。

そもそも、身の回りの目に見える「場」は、すべて、場の元になる「媒質」が存在する。流体の場であれば、それは、水の分子であったり、油の分子であったりする。固体をつくっている格子状の分子が振動する場合も、振動して場をつくっているモノが存在する。

もっと正確にいうと、たとえば、固体の格子振動の場合、単に格子上の分子や原子が振動しているだけでは「場」とはいわない。だが、ちょっと見方を変えて、格子振動を遠くから眺めてみよう。すると、そこには、動く「波」があるように見えるはずだ。ちょうど地震波が地殻を伝わっていくのと同じように、振動が格子を伝わって動いてゆく。

格子振動の波の波長は、当然のことながら、格子の間隔よりも大きい。波の波長が充分に大きくなると、まるで、連続媒質の上を伝播《でんぱ》しているように見えるにちがいない。離散的な格子は、いつのまにか忘れ去られて、波は「場」の励起《れいき》状態として記述されるようになる。

これが「場」の誕生である。

つまり、最初は、分子や原子といった具体的で離散的なモノがあるのだが、そこに生じる波に注目しているうちに、いつのまにか、出発点にあったモノは必要なくなるのだ。具体的なモノを忘れてしまうのであるから、「場」という概念は、数学的な抽象化の産物なのである。

これは、ちょうど、微分積分を教わりはじめたときに、離散的なΔxがゼロになる極限をとって、dxと書くのと同じである。いったん、微分積分の世界に入ってしまえば、もはや、出発点にあった具体的かつ直観的な描像はいらなくなる。

「場」というのは、有限の大きさのモノを無限小とみる極限操作の末に出てきた概念というわけである。

$\Delta x \to dx$

格子→場

ただし……。

流体や格子振動や地震の場合は、「場」が先にあるわけではない。あくまでも出発点には、離散的な粒子の集まりが存在する。その集団運動を滑らかに記述するために、技巧的な手段として、連続体近似を使うのである。実際は離散的だけれども、実質的には、連続媒質とみなしてよい、ということにすぎない。

ところが……。

マックスウェルの方程式で記述される「電磁場」は、出発点となるべき離散的な構造自体が存在しない！

いや、それどころか、連続媒質でさえも存在しないのである。電磁場の媒質には歴史的に「エーテル」という名前がついているのだが、周知のごとく、エーテルは存在しないのであるから……。

モノからはじめて、極限をとって「場」が出てくるのは、絵画の比喩を使うならば、具象画の輪郭を徐々に崩していく過程に相当する。そこには、あくまでも具象画のモデルの記憶が残っている。だから、なんとなく、安心できる。

電磁場の場合は、いうなれば、具象画を経ないで、いきなり、抽象画を描くことにあたる。

電磁場には、離散的な媒質も、連続的な媒質も存在しない。あるのは、「場」のみ。

電磁場のからくりを探してみても、そこには、何もない。場の「元」を探しても無駄である。

これが、場の不可解さの正体である。

といっても、電磁気学を完成させたマックスウェルの初期の論文には、やはり、「具象画」があらわれる。マックスウェルは、機械的な歯車のイメージで電磁場を思い描いていたからだ。

だが、その具体的な描像は、最終的な完成品からは抜け落ちてしまう。

マックスウェルが、心底、歯車のイメージを捨てたのかどうか僕にはわからないが、電磁気学の方程式が完成したとき、もはや、具体的なイメージは必要なかったことだけは確かだ。

「場」の本質は、つまるところ、その奇妙な抽象性にある。

この本では、古典的な電磁場と量子場と重力場の話をしてみたい。

電磁場のポイントは、マックスウェルのぎこちない「歯車」のイメージが美しい方程式に昇華される過程にある。

量子場のポイントは、ファインマン図で描かれる量子のキャッチボール（あるいは華麗な舞）

にあり、その計算には、有名なくりこみ理論が必要になる。

重力場の説明には、ちょっと趣向を凝らして、中国の古典文献に登場する「指南車」という面白い機械を利用することにした。

告白めいた導入は、これでおわり。

§スカラーとベクトル

むかし、「場」の説明をしていた教授が、黒板に二つの図を描いたのを見て、「ああ、そうか」と場がわかった気になった覚えがある。

スカラー場は地図の上に場の強さをあらわす数字が分布していて、ベクトル場は、数字の代わりに矢印が分布している。時間がたつにつれて、数字が変わるのは、スカラー場の時間変動。ようするに近接作用によって、徐々に影響が伝わってゆくことをあらわしている。ベクトル場の場合は、矢印の大きさだけでなく、向きも変わる。

日常生活の例でいえば、地図の等高線というのがある。地図の各点に標高の数字が分布しているのだと考えると、これはスカラー場ではあるまいか。そして、地震でも起これば、土地が隆起したりして、数字の分布が変わるのである。

ベクトル場の例としては、そうですねぇ、天気予報の風向きとか……？　そういえば、小学校のとき、ラジオを聞きながら、天気図に各地点の風向きと風の強さを描きこんだ覚えがある。風向きは刻々と変化するから、これなど、ベクトル場の好例である。

絵に描くときは、有限個の数字や矢印であるが、実際の「場」では、数字や矢印は無限小で、各点に分布しているのだ。

物理学ではさまざまな形態の場に遭遇する。スカラー場やベクトル場は、そのほんの一例にすぎない。

つまり、「場」というのは、空間の各点に「数学的な物体」が存在することなのだ。数学的な物体とは、スカラーやベクトルや行列といった抽象的なもののことである。

あとで量子場の話が出てくるが、そこでは、ある意味で空間の各点に特殊な行列が分布しているのだと考える。スカラーやベクトルとちがって、行列を単純な「絵」に描くことはできないので、もはや直観的な理解は不可能になってしまう。だが、絵で思い浮かべることができなくても、量子力学的な場は厳然と存在する。

簡単に、いろいろな場の特徴について述べておこう。

まず、固体物理学によく出てくるのが分子や原子のつながりを「格子」とみなす格子振動だ(図1)。

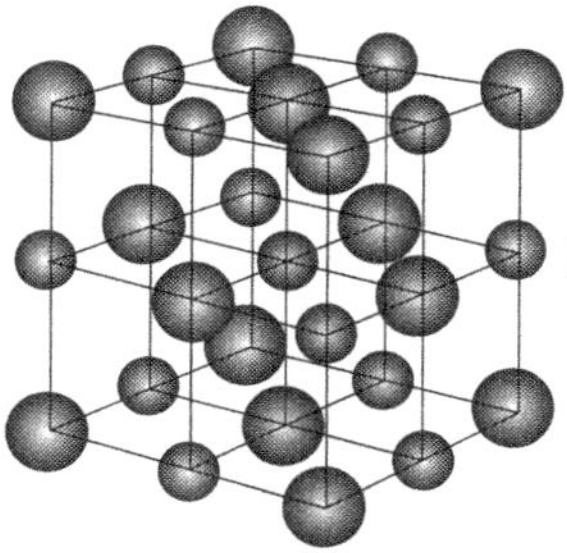

図1　格子振動の図

結晶格子の振動。食塩のようにナトリウム（Na^+）と塩素（Cl^-）という正負のイオンがある場合、両方が一緒に振動するか、互い違いに振動するかで性質が異なる。一緒に振動するのは「力学的なゆらぎ」（弾性波）と呼ばれ、互い違いに振動するのは「電気的なゆらぎ」（分極波）と呼ばれる。格子振動を遠くから眺めると「場のゆらぎ」に見えるのである

　もちろん、実際の原子や分子がつくる格子は、あくまでも格子であって、「場」ではない。だが、格子振動がつくる波の波長が格子の大きさよりもずっと大きいときは、格子を無限小と考える近似をつかうことができる。これを「連続体近似」と呼ぶ。

　格子振動の場合、分子や原子の「元の位置からのズレ」が問題になる。つまり、「変位」が問題となる。

　次に、日本人にはお馴染みの地震波。

　地震波にはP波とS波があって、縦波と横波になっている。縦波というのは、波が進む方向に揺れる波で、あたかも玉突き衝突のごとく、地殻の中を密度の変化が進む。ドミノ倒しのイメージである。

　横波は、波の進む方向と直角に揺れる波の

こと。こちらは、イメージとしては、蛇がくねくねと進む様子に似ている。

縦と横というのは、波の進行方向と揺れる方向が同じ場合を「縦」、揺れる方向が直角の場合を「横」というのである。

ふつうは縦波のほうが横波よりも伝播速度が大きい。だから、地震は、Ｐ波のほうが先に来る。後からやってくるＳ波との時間のズレを測ると、どれくらいの距離で地震が起こったのかが推定できる。だから、地表の別々の場所で同じ地震の測定をすると、震源地を特定することができるわけ。

お次は流体。

流体は、地震波や格子振動と大きくちがう点が一つある。それは、地殻や格子は、ちょっと動いても、たいていは、元の位置に戻るのに対して、流体は、どんどん遠くへ流れていってしまうことだ。そこで、流体の場合は、ちょっと見方を変える必要がある。それは、地殻や格子の場合に考えた「変位」のかわりに、流体の「速度」に注目するのだ。

水の分子は、たしかに流れてしまうが、その速度分布のほうは、遠くに流れていくわけではない。

たとえば、流体に色のついた小さな粒子を混ぜておく。そして、流れのようすをカメラで撮影する。露光時間を短くすると、写真には色のついた粒子の短い軌跡がたくさん写るはずだ。これ

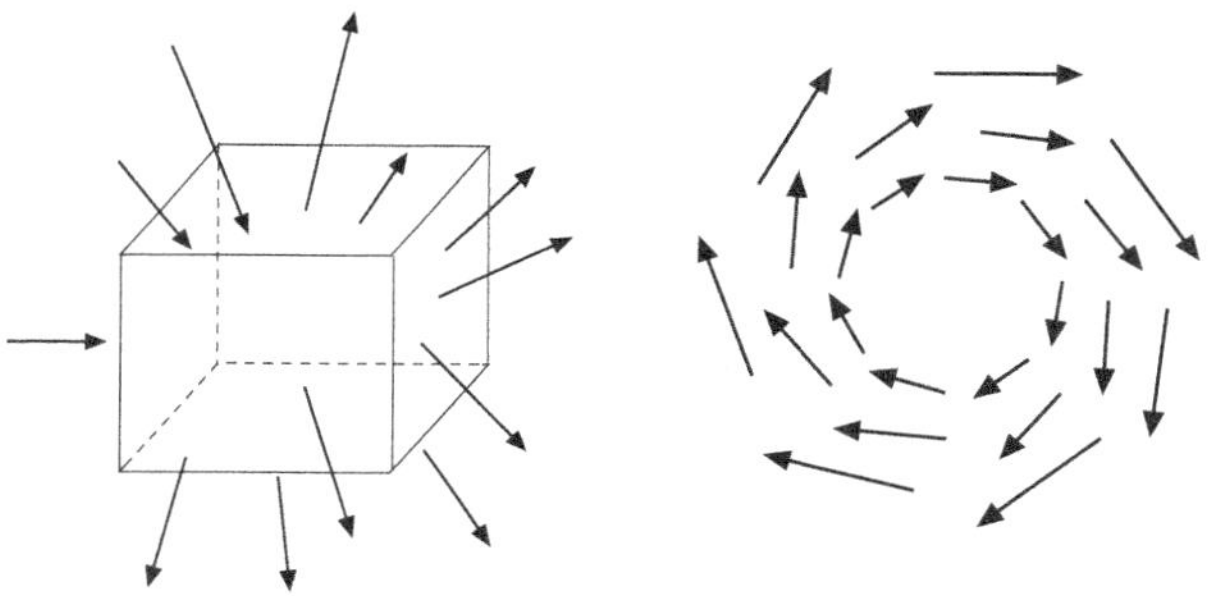

湧き出し　　回転

図2　ベクトル場のポイント

は、撮影時の各点の速度場だと考えることができる。実際、一つひとつの軌跡の長さを撮影時間で割れば、正確な速度が算出できる。さらにわかりやすくするためには、軌跡の先っちょに「矢」をつければいいだろう。そうすれば、まさに、矢印によるベクトル場の表現になる。

ベクトル場について、あとで重要になるポイントを確認しておきたい（図2）。

ベクトル場の中に適当に架空の「箱」を描いてみよう。その箱に入ってくる矢の数と出ていく矢の数は、ふつうは同数になる。だが、どこかに湧き出し口があったり、穴があいていたりすると、矢が湧き出し口から出てきたり、穴に吸い込まれたりして、矢の収支があわなくなる。

ポイント1　ベクトル場では「箱」に出入りする矢が「湧き出し」を意味する

ベクトル場で、もう一つ大切なのが、矢が並んで「円」を形作っている場合。ある矢印から出発して、次々に矢をたどっていったら、いつのまにか一周して元の位置に戻ってしまうことがある。そういう場合、その経路に沿って数えた矢の長さの合計が、渦の強さをあらわすことになる。速度場の場合であれば、鳴門《なると》の渦潮のような状態である。

ポイント2　ベクトル場では「円」をまわる矢が「渦」を意味する

§バネと玉でつくる「場」

さて、この節では、場を具体的に作ってみようではありませんか。

用意するものは玉とバネ。玉は重さがmでバネはバネ係数がk。この玉とバネをたくさんつなぐと「場」の模型になる。

ちょっとmとkの意味を考えてみよう。

まず、玉の重さmであるが、重いということは「動きにくい」ということだ。バネについた玉は振動するのだが、mが大きいと、振動数は小さくなる。振動数（別名、周波数）は、英語ではfrequency（フリークエンシー）という。振動数は、「一秒間に何回振動するか」という意味をもっていて、玉が重いと、この振動する回数が少なくなるわけ。

mが大きいと振動数は小さい

次に、バネ定数kであるが、これは、バネの反発力をあらわしている。kが大きいとバネは「堅い」し、kが小さいとバネは「柔らかい」のである。柔らかいバネは、びよーん、びよーん、と間延びした大きな振動をするだろう。堅いバネは、ビョン、ビョン、と小刻みに振動するだろう。

kが大きいと振動数は大きい

さて、中学や高校で力学をやったことがある方は、振動数ω（オメガ）が、mとkの関数であらわされることを覚えていらっしゃるにちがいない。

僕もやりました。センター試験の問題にもよく出る。

だが、公式のうろ覚えで、ピンチにおちいることだってある。たとえば、こんな問題に出会ったことはありませんか？

問題　振動数の公式は？

(a) $\sqrt{\dfrac{m}{k}}$　(b) $\sqrt{\dfrac{k}{m}}$

あれれ？　一所懸命に勉強したはずなのに、どちらかわからない！　たしか、mとkが割り算になっていて、その平方根だったことだけは覚えているのだが……。

こういうピンチにおちいったとき、冷静に「意味」を考えてみれば、答えは自ずから明らかとなる。mが動きにくさで、kが堅さをあらわすのだ。いいかえると、mは振動しにくさで、kは振動しやすさということになる。だから、答えは、すぐに（b）だとわかる。

ちょっと脱線。

図3をご覧いただきたい。真ん中に玉があって両端にバネがついたものと、反対に、真ん中にバネがあって、両端に玉がついたものがある。最初の図の玉の重さをm、バネ定数をkとする。二つ目の図の玉の重さm^*を（c/k）として、バネ定数k^*を（c/m）とする。cは定数である。す

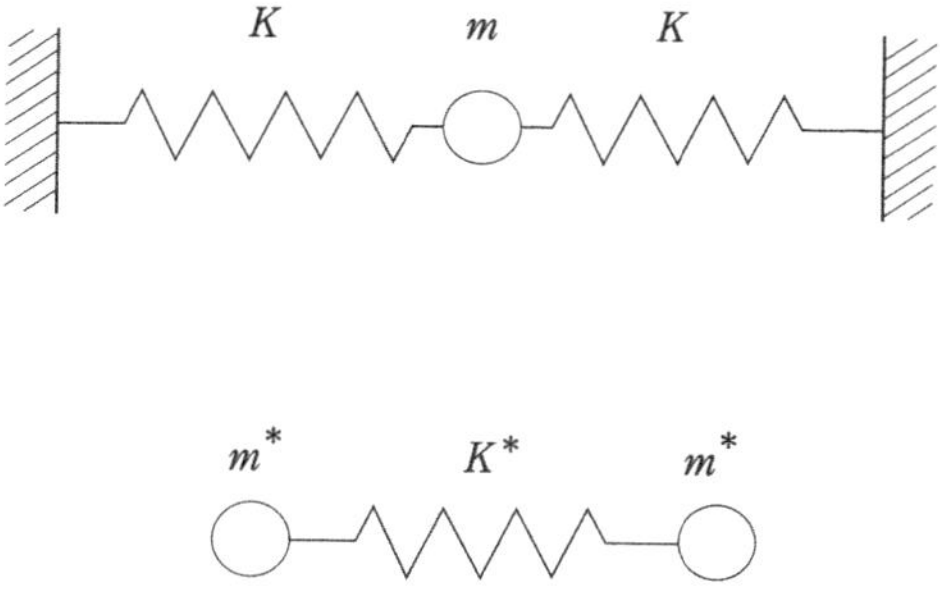

図3　バネの双対
数値をうまく調整しながら玉とバネの役割を入れ替えると振動数は不変に保つことができる。つまり、一つの振動をあらわすのに、二つの異なった見方が存在する

ると、最初の図の振動数と二つ目の図の振動数は同じになる！

つまり、最初の図の玉とバネの役割を入れ替えても振動数は同じ。

こういうのを「双対《そうつい》」(dual)と呼ぶ。物理では、双対を考えることが多い。あとで場の双対が出てくるが、たとえば、電場と磁場は双対の関係にある。

真空中の電磁場では、電場と磁場の役割を入れ替えても物理学的には変わりがないのである。

さて、電磁場は4次元のベクトル場だが、ここでは、話を簡単にするために、1次元のスカラー場を玉とバネで組み立ててみよう。

図4をご覧いただきたい。

このようにバネに玉がつながった状態を考える。バネの長さを a とする。玉には横方向だけでなく、

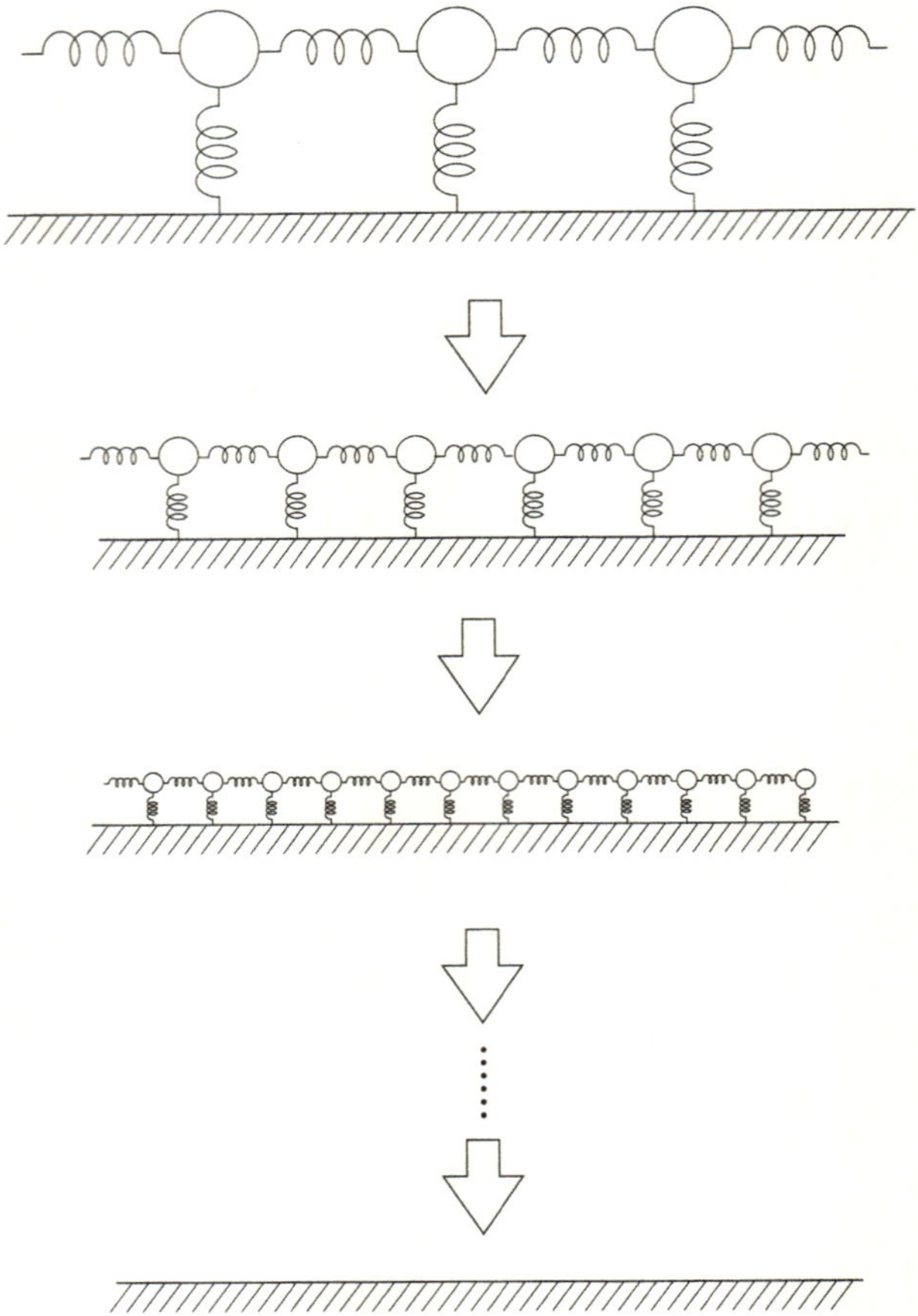

図４　バネ系から場をつくる
バネ系を無限に小さくして、数を無限に多くすると、「場」になる

縦にもバネがついている。縦のバネは、固定されているので、玉が動くと、元に戻そうとする力がはたらく。横のバネのバネ定数をkとし、縦のバネのほうをκとあらわすことにしよう。ギリシャ文字の「カッパ」。玉の重さはm。これに外力Fがはたらくものとする。

この数珠《じゅず》繋《つな》ぎになった玉とバネを無限に小さくすると、「場」になるのである。

といってもわかりにくいと思うので、ふたたび図4をご覧いただきたい。

まず、全体の大きさを$\frac{1}{2}$にして、玉とバネの総数を2倍にする。次に、また、全体の大きさを半分にして、玉とバネの数を2倍にする。この操作を延々と続けてゆく。しまいには、玉もバネも無限小になって見えなくなってしまう。だが、そこには、無限にたくさんの玉とバネが存在する。これが「場」なのである。

場は無限小の玉とバネが無限個集まった状態

場の強さをあらわす変数を$\psi(x)$とあらわすことにすると、おおまかにであるが、次のような対応関係がある。

バネ系（離散的）	場（連続的）
玉の変位q	場の強さψ
横のバネ定数k	場の伝播速度v
縦のバネ定数$\varkappa$	場の質量μ
外力F	場の源ρ、j

玉が動くことは、スカラー場の強さの数字が変化することにあたる。縦のバネは、「復元力」なのだが、このバネが存在しないとき、$\varkappa$もμもゼロとなって、場の伝播速度は最大となる。外力は、たとえば手で玉を揺り動かすことにあたり、場の流れの源にあたる。

玉の重さmがどこかに消えてしまったが、mは、この表のすべての変換に出てくるので、対応関係がはっきりしないから省略してある。念のため。

電磁場の場合は、場の強さが、3次元の三つの方向成分をもつ電場Eと磁場Bになる。また、電磁波は自然界の最大速度である光速cで伝播するのだから、縦のバネがない状況に相当する。さらに、場の源は電荷と電流密度であり、それが外力Fにあたる。

以上の説明でおわかりのように、先ほど出てきた「連続体近似」は、もともと、有限の大きさである分子や原子のつながりを玉とバネにおきかえて、それを無限小にして、変数ψで話をする

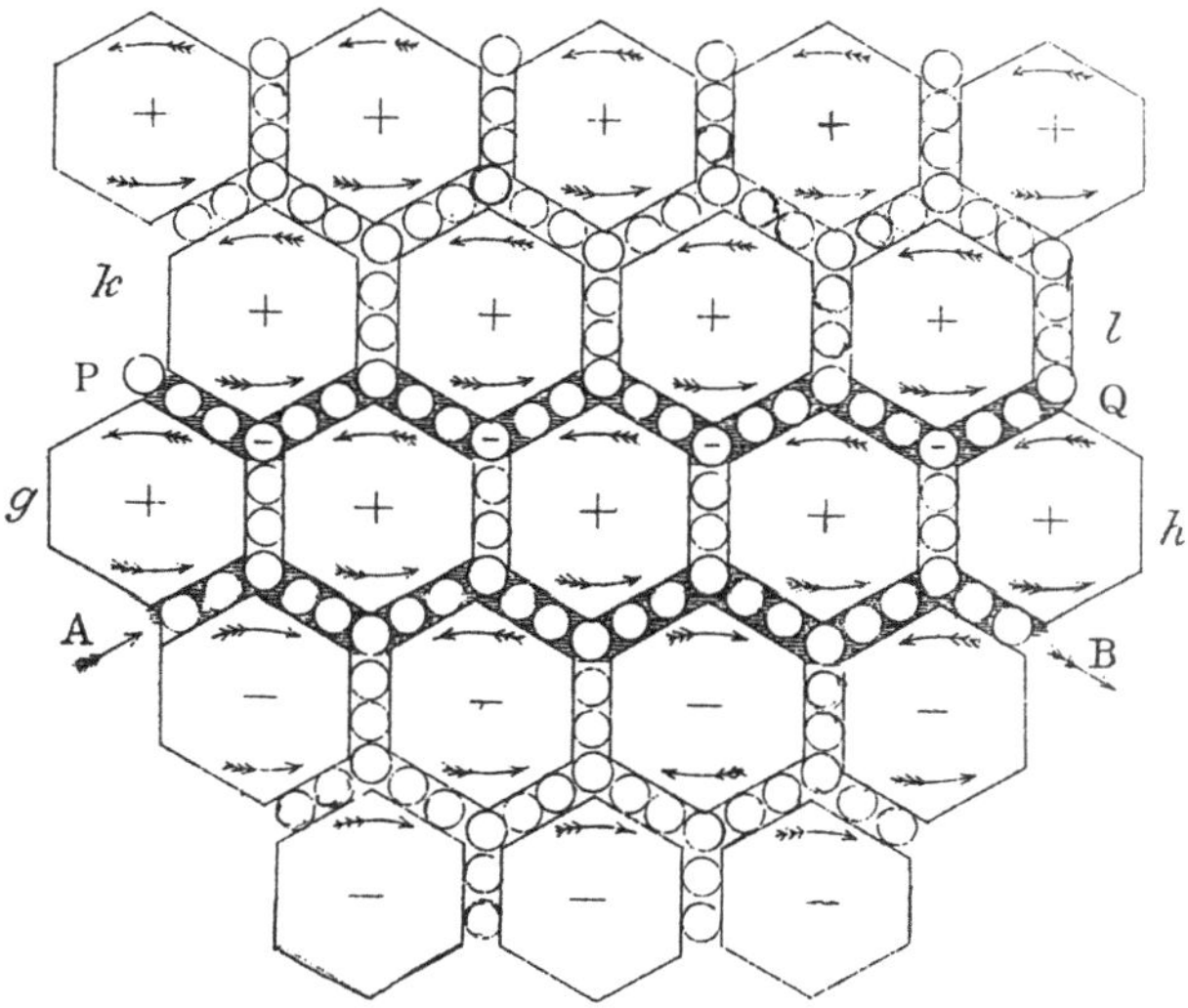

図5　マックスウェル『物理的力線について』からの図
六角形の歯車とパチンコ玉のように見えるが、これは、マックスウェルの初期の論文に出ている電磁場のイメージである。なお、見やすいようpとqを大文字に改変した

ことなのだ。

こうやって具体的に玉とバネを使って振動の模型をつくってみると、どことなく抽象的なイメージの強い「場」という概念も、なんとなくわかってくるから不思議である。

§マックスウェルの蜂の巣

さっそくだが図5をご覧いただきたい。

なんです、これ？

変な六角形の「歯車」のあいだに丸い「玉」がはさまれているように見える。どこかで見た機械の部品みたいですね。実は、このヘンテコな図は、電磁気学を完成させたジェイムズ・クラーク・マックスウェルの『物理的力線について』という論文に出ている挿絵なのだ。そして、この機械部品のような図は、電磁場をあらわしているのである。

え？　どれが電磁場なのか？

わかりにくいけれど、順を追って説明していくのでご安心あれ。

まず、六角形の蜂の巣というか「歯車」が「磁場」をあらわしている。イメージとしては、空間に磁場の滑車がぎゅうぎゅう詰めになっていて、くるくる回っている。そんな感じです。この六角形の磁場は回るけれども動きません。風車のように回るけれども場所は固定されている。

うーん、磁場という言葉は現代的すぎてイメージがそぐわないかもしれない。いっそのこと、「磁渦」とでも呼ぼうかしら。

実際、マックスウェルは、「渦」（vortices）という言葉を使っている。

つぎに、六角形の滑車のあいだにはさまれた丸いパチンコ玉。これは「電流」をあらわす。といっても、ふつうの電流とはちょっとちがうので、とりあえず、「電流玉」とでも呼んでおきましょうか。（電流玉というのは僕の造語です。念のため）

この電流玉は、固定されていないので動くことができる。回転もするし左右にもずれることができる。電流玉が一列になって左から右へ流れているとき、電流が左から右へ流れているということになる。兵隊さんの行進みたいなイメージだ。

マックスウェルによれば、この磁渦と電流玉のあいだには摩擦がある。だから、磁渦が回転すると、摩擦によって、その周囲にある電流玉が回転をはじめる。また、電流玉は場所が固定されていないので、摩擦によって回転するだけでなく、位置もずれてゆく。

ここでマックスウェルの原論文から引用してみよう。

> さてＡＢにおいて左から右へ電流が流れはじめたとしよう。ＡＢの上の渦の列ghは反時計方向に回り始める（この方向を＋と呼ぶことにする。時計回りが－）。渦の列klは、まだ静止している。二つの列にはさまれた粒子の層は、下側をghによってはたらきかけられるが、上側は止まったままということになる。粒子層が自由に動きまわれるならば、負の方向に回り始め、同時に右から左へと移動するだろう。これは電流の流れる方向とは逆であり、誘導電流が生まれたことを意味する。
>
> （マックスウェル『物理的力線について』竹内訳）

図5-1をご覧いただきたい。特に説明はいらないと思うが、空間の電磁場の動きをマックスウェルは歯車のような渦と玉のような電流として機械的にとらえているわけ。

論文をもう少し引用します。

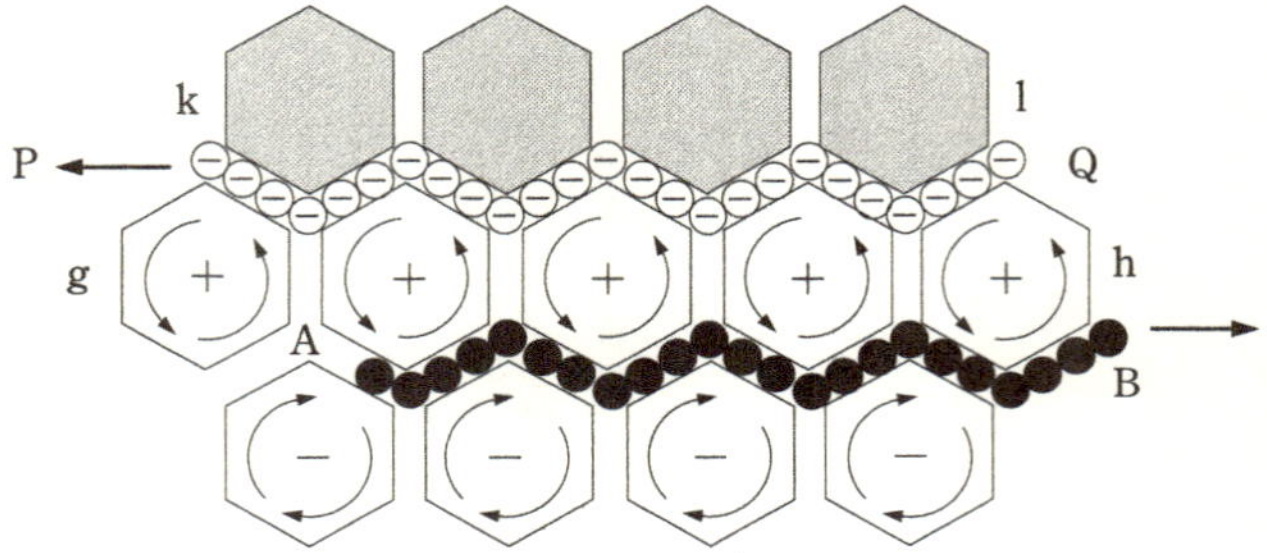

図5-1

誘導電流が生まれる様子を歯車とパチンコ玉で図示してみた。下の列ＡＢのパチンコ玉が左から右へ移動すると、歯車の回転によって、上の列のパチンコ玉は右から左へ移動する。電流が誘導されたのである。図５-１から図６-２まで『Maxwell on the Electromagnetic Field』T.K.Simpson, A.Farrell（Rutgers Univ. Press）より

電流が媒質の電気抵抗によって抑えられると、回転している粒子は渦の列*kl*にはたらきかけて正の方向に回転させるが、その回転速度が充分になると粒子は［左右に］動くのをやめて回転だけになって、誘導電流は消える。さて、つぎに、最初の電流ＡＢを止めると、列*gh*の渦は抑えられるが、列*kl*の渦は依然として高速で回転を続ける。粒子の層ＰＱは、上の渦の勢いによって左から右へと移動する。これは最初の電流と同じ向きである。だが、この動きが媒質の抵抗をうけるとＰＱより上の渦の動きは徐々に消えてゆく。

（『物理的力線について』竹内訳）

ちょっと解説いたしましょう。

まず、電気抵抗というのは電流の流れにくさのこと。凸凹《でこぼこ》道だと車の流れが悪くなるが、あれと同じ。

放っておくと渦の回転がどんどん上に伝わっていくような気がするが、そうは問屋が卸《おろ》さない。なぜなら、渦ｇｈの回転は、すぐ上の電流玉ＰＱを逆向きに回転させる。同時に、ＰＱを右から左に動かしてしまうからだ。ＰＱは回転しながら左へ行進をはじめる。

ＰＱが時計回りに回転しているだけならば、すぐ上の渦ｋｌは反時計回りに回転をはじめるはず。だが、ＰＱが鎖のようになって左へ全体として動いていくときに渦ｋｌの下側をこするので、渦ｋｌは時計回りに回転しなくてはいけない。

この反時計回りの力と時計回りの力が相殺《そうさい》し合うため、結局、渦ｋｌは止まったままなのだ。

ところが、「電流が媒質の電気抵抗によって抑えられる」と話が変わる。電気抵抗のために、ＰＱが左に動くのが遅くなったとする。つまり、並進運動が弱まって回転が勝ったとする。そうすると、回転がすぐ上の渦ｋｌに伝わって、渦は反時計方向に回転をはじめる。この渦の回転によって電流の流れＰＱは完全に止まるのである。

ちょっと複雑かもしれないが、僕も、はじめてマックスウェルの論文を読んだとき、チンプンカンプンであった。ただ読み流しただけでは理解できないのだ。

でも、自分で磁渦の回転と電流玉の回転と電流玉の並進運動をチェックしてみると、ちゃんと

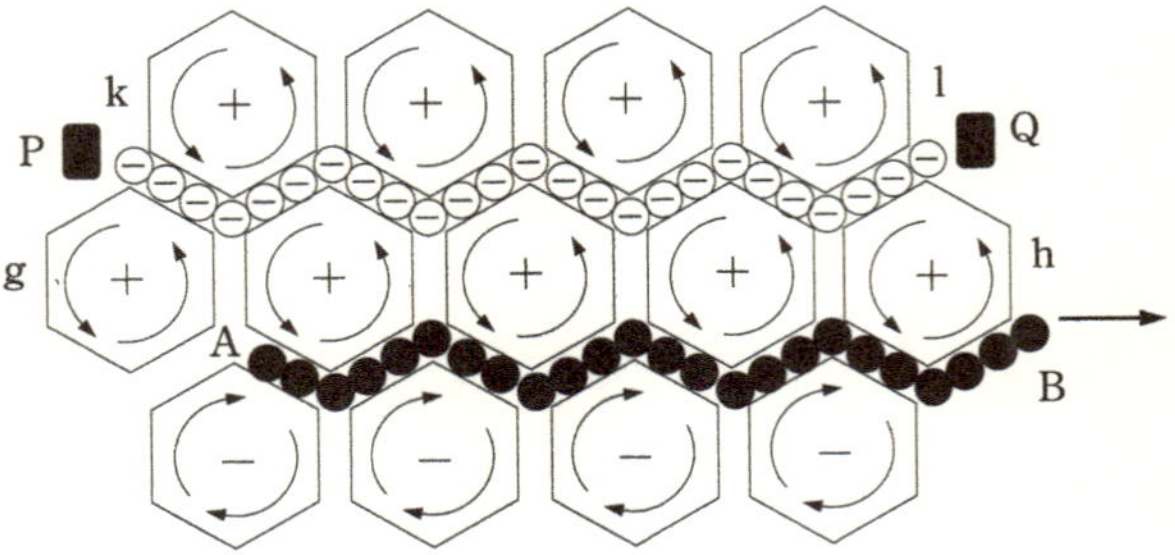

図5-2

電気抵抗によってパチンコ玉の列ＰＱの並進運動が遅くなるとどうなるか？　ちょっと考えてみてください

つじつまが合っていることがわかる。図5-2とにらめっこをして、しばし、回転が伝わるメカニズムを実感してもらいたい。

どうでしょうか？　しつこいようだが、回転の伝わり方がわかったら、次を読み進めてください。歴史的な話なので、ちょっと退屈かもしれないが、もうすぐ終わります。

さて、最後に、電流ＡＢの流れを堰《せ》き止めてしまったらどうなるか？

具体的にはスイッチを切ってしまうとか電線を切断するとか。とにかく、ＡＢの動きを止めてしまう。すると、すぐ上の渦ｇｈの回転は抑えられる。だが、力は瞬時には伝わらないので、渦ｋｌは依然として回転したままだ。そうなると、これまでは、上と下の渦の

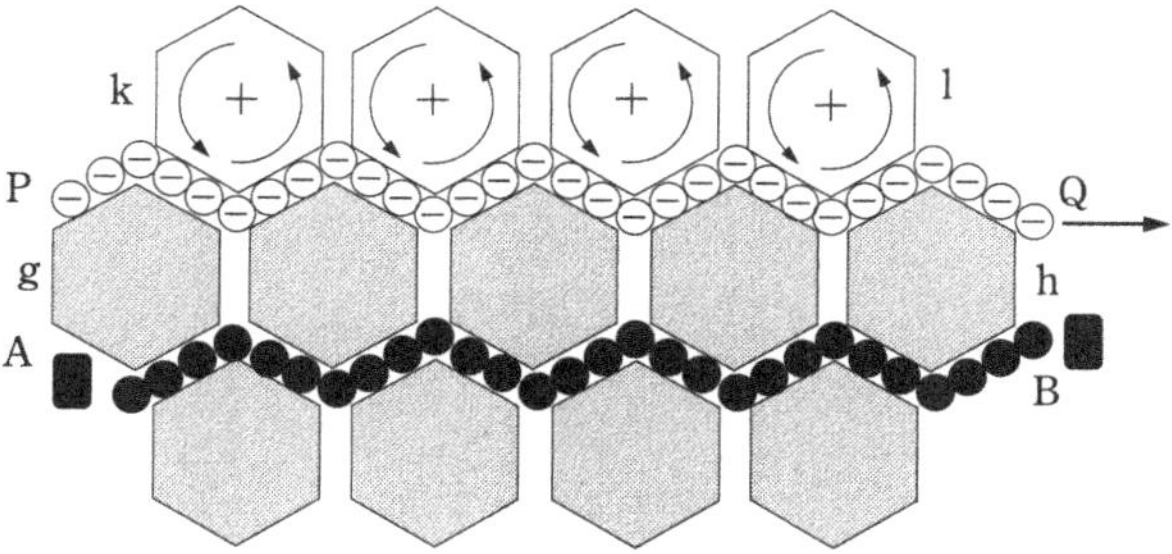

図5-3
元の電流を止めたときの誘導電流は、元の電流が流れていたのと同じ方向になる

回転にはさまれて身動きがとれずに回転だけしていたＰＱが、上の渦ｋｌだけの影響を受けるようになって、突然、右方向へ並進運動をはじめる。

つまり、最初の電流を止めると、止める前と同じ方向に誘導電流が生じるのである（図5-3）。

以上をまとめると、

①電流を流しはじめると、それとは反対方向の誘導電流が生じる

②電流を止めると、止める前と同じ方向の誘導電流が生じる

わかったようなわからないような。ちょっと気持ちが悪い。電流だけに注目しているか

らだ。もっと巧くまとめてみよう。

①電流を流しはじめると、磁渦（gh）の回転が伝わって、反対方向の誘導電流が生じる
②電流を止めると、磁渦（kl）の回転の惰性によって、止める前と同じ方向の誘導電流が生じる

こんな感じでしょうか。

具体的には、コイルを二つ用意して、片方に電池をつけて、もう片方には電流計をつけておけば実験ができる。

左のコイルのスイッチを入れて電流が流れると、磁場が生まれて右のコイルを貫く。右のコイルは慣性抵抗によって、磁場の変化を打ち消すような方向に電流が流れる。これが誘導電流だ（図6-1）。

でも、この誘導電流は、いつまでも流れ続けるわけではない。左のスイッチを入れた瞬間だけ流れて、放っておくと減衰して消えてしまう。左のコイルには電池がついているので、その後も電流は流れ続けるが、右のコイルの電流は消えてしまう。

人間でも、同じ刺激が続くと飽きて反応しなくなるが、あれと同じですね。いつも同じデート

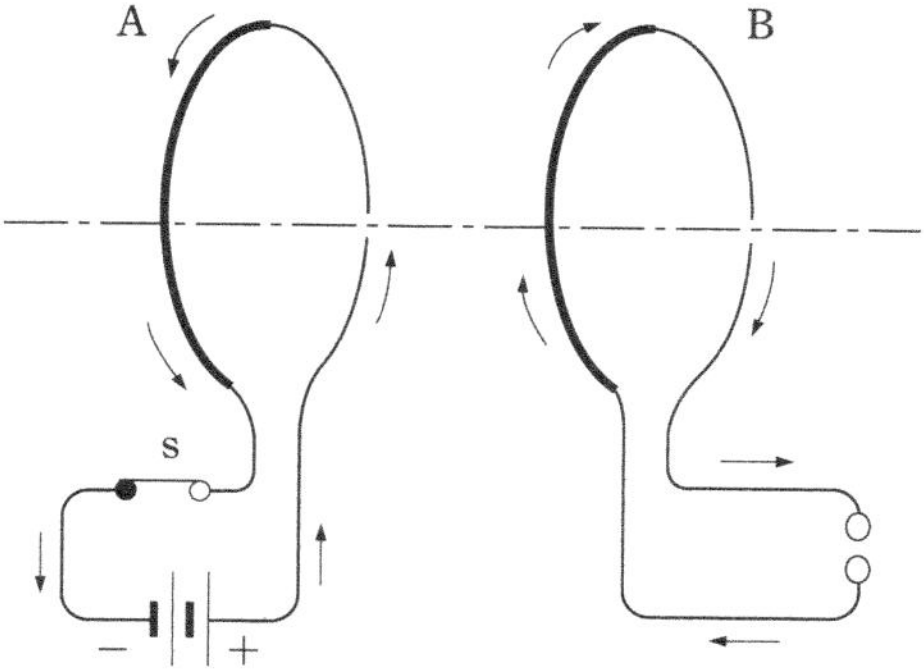

図6－1　コイルを流れる誘導電流1
マックスウェルの図にある「パチンコ玉」の列は、具体的には、このようなコイル上を流れる電流として見ることができる。スイッチを入れると、もう一つのコイルには、反対向きの誘導電流が流れる

コースにばかり連れていくと愛想を尽かされます。

　さて、今度は左のコイルのスイッチを切る。すると、切った瞬間に右のコイルに（これまでの左のコイルの電流の流れと）同じ方向の電流が流れる。これも誘導電流だ。左のコイルの電流が切られると、当然、コイルを貫く磁場も消える。だが、その消える磁場を惜しむかのように、右のコイルには、磁場の変化を打ち消すような方向に電流が流れるわけ。磁場の状態を保とうとする慣性（惰性）だと考えられる（**図6-2**）。

　どうでしょうか？　こんな現象がマックスウェル流の歯車と玉という機械的なイメージでちゃんと説明できるわけです。

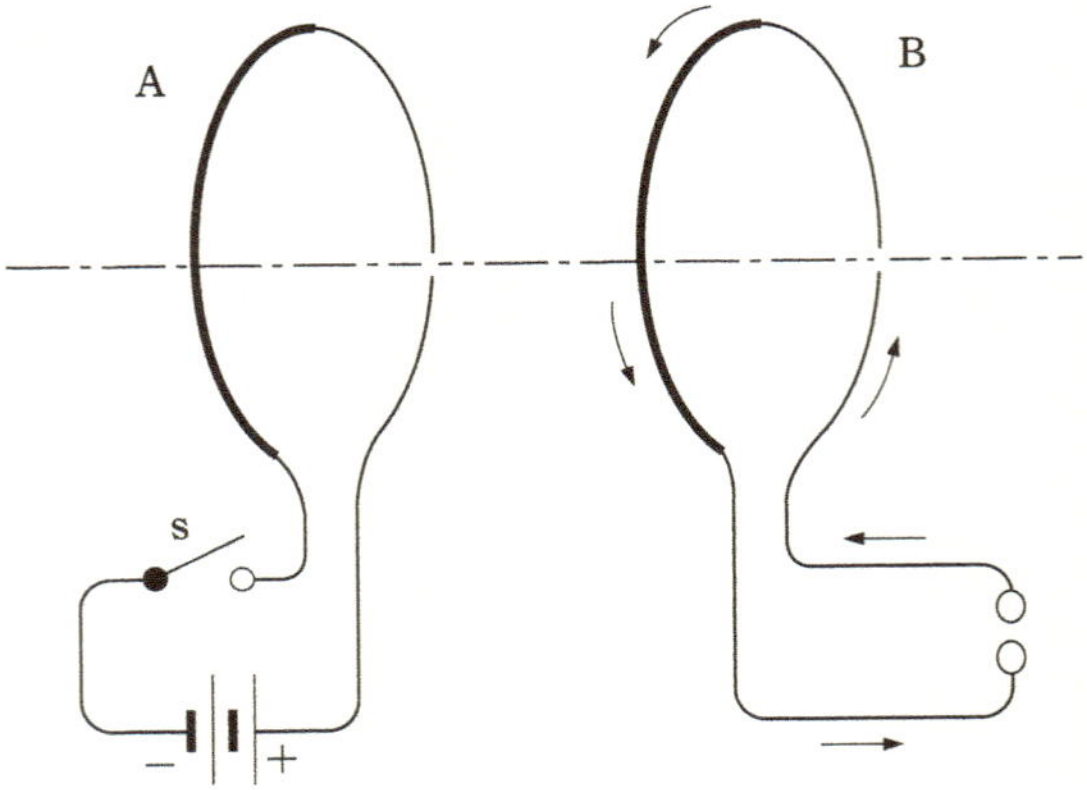

図6－2　コイルを流れる誘導電流2

電池がついているコイルのスイッチを切ると、もう一つのコイルには、さっきとは逆向きの誘導電流が流れる

§二大陣営の構図

電磁場の様子をマックスウェルの機械論的なイメージで説明したが、ここで、ちょっと簡単に歴史をふりかえってみよう。といっても、科学史の本ではないので、きわめておおざっぱに構図だけを復習してみたい。

構図というのは、クーロンに代表される遠隔作用派とファラデーやマックスウェルに代表される近接作用派という色分けのことだ。

遠隔作用の代表であるクーロンの法則とニュートンの万有引力の法則は、似たような形をしている（図7）。

二つの質点あるいは電荷があって、そのあいだにはたらく力は、距離の2乗に反比例する。ただし、電荷にはプラスとマイナスがあって、符号がちがうと引力になって、符号が

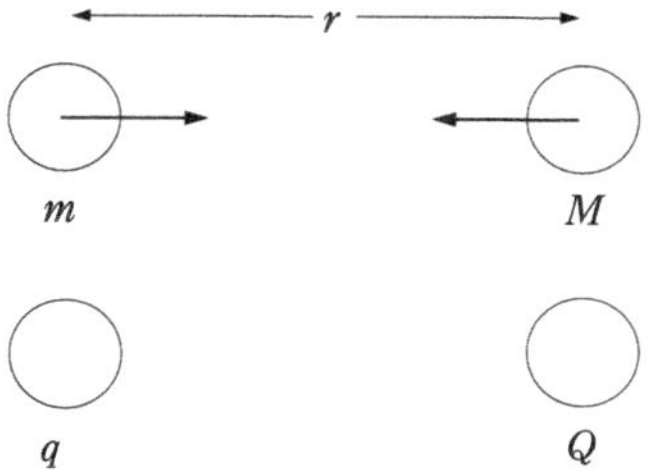

ニュートンの法則

$$F = G\,\frac{mM}{r^2}$$

クーロンの法則

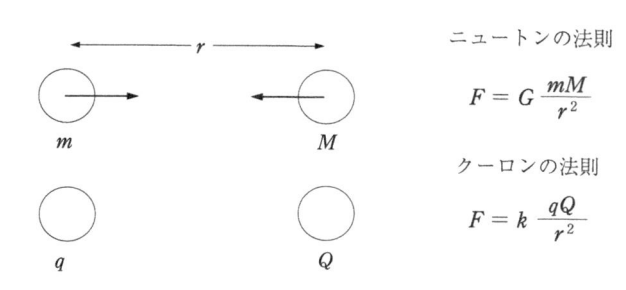

$$F = k\,\frac{qQ}{r^2}$$

図7　クーロンの法則とニュートンの法則
両法則とも逆2乗で力がはたらくが、途中は真空で何もない

同じだと斥力《せきりょく》になる。

だが、この考えには、大きな欠点がある。それは、
「途中に何もないのに、どうやって力が伝わるのか？」

という素朴な疑問に答えられないことだ。

いいですか？　真空とは何もないということだ（注　あとで覆りますけど……）。その何もないところを一気に飛び越えて力が伝わるというのは、オカルト以外のなにものでもない。

ちなみに、首が回ってラテン語をしゃべる少女が緑色の気持ち悪いものを吐くのがオカルトではありません。オカルトは、「隠れた」というのがもともとの意味である。力の伝わり方が見えない、というのがオカルトなのだ。ニュートンの力学に対して当時の知識人たちが「オカルトだ」といったのは、そういう意味なのです。

とにかく、この遠隔作用の考えに異を唱えて、力が徐々に周囲に伝わる近接作用の考えを推進したのがファラデー

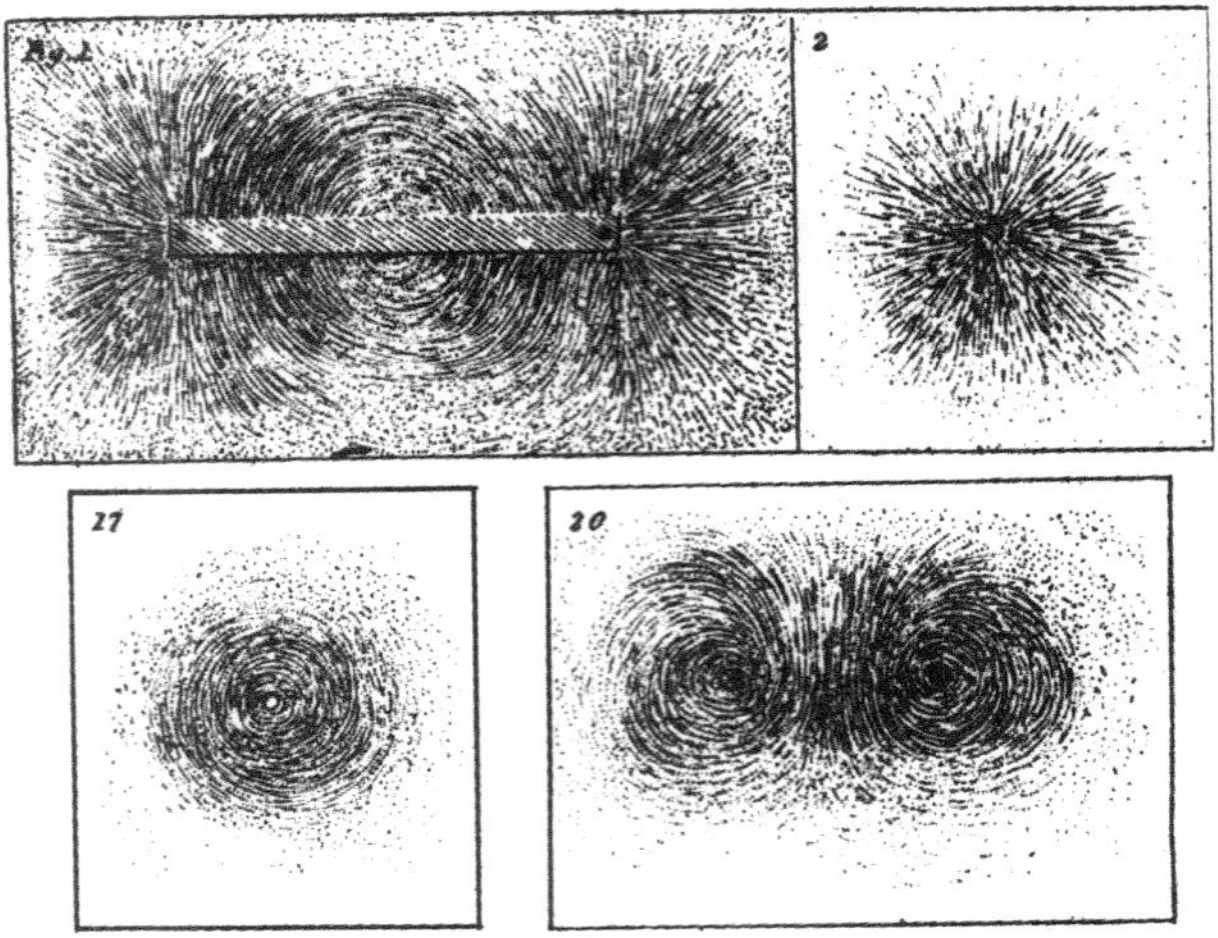

図8　ファラデーの本にある磁力線のスケッチ

であり、マックスウェルであった。いわゆる「場の理論」の先駆けである。

ファラデーは、貧困な家庭に生まれたが、製本のアルバイトをしながら勉学を続け、最後には王立研究所の所長になった人物だ。いわば科学界のシンデレラ物語である。だが、数学の正規の教育を受けていなかったので、実験から思いついた「磁力線」のアイディアを数式に載せることができなかった（図8）。

そこに数学者のマックスウェルが手紙を出したのである。こんな具合に。

大いなる謎は、同じような物体が反発しあい、似ていない物体が引き合うことではなく、同じような物体が引き合うことだと、あなたはおっしゃる。しかし……あなたの力線は、「空をめぐる網をつむぎ」、星たちは、引力をおよぼす天体とじかにつながる必要なしに、進むべき道へと導かれるのです。（竹内訳）

あれ？　これは、電磁気ではなく重力の話ではないか。驚いたことにマックスウェルは、ファラデーの力線の考えで重力まで説明できると考えていたらしい。この考えは、後に、アインシュタインの一般相対性理論として実現される。

ファラデーは、すべてが磁力線で説明できるとふんでいたようだ。だから、マックスウェルの描いた歯車は磁渦であって、電渦ではない。

もっとも、マックスウェルは、徐々にファラデーの影響から脱却して、当時の最先端の実験データをにらみながら、最終的に、電場の変化が磁場を生み、磁場の変化が電場を生む、という内容を美しい方程式に仕上げることに成功した。

うーむ、どうでしたか？　正直いって、遠隔作用でも近接作用でも、どっちでもいいような気がする。実験が説明できれば、それでいいじゃないか。

おおかたの読者の感想も、こんなものではないだろうか。

実をいうと、僕も、小学校のとき、紙の上に砂鉄を撒いて、紙の下に棒磁石を当てて、はじめてファラデーの「磁力線」を見たとき、あまり感動しなかった。

クーロンの法則で、二つの電荷のあいだに力線があろうがなかろうが、たいしたちがいはないように思った。だが、高校になって、『物理学読本』(朝永振一郎編、みすず書房)という本を読んでいて、

「そうだったのか!」

と、ファラデーとマックスウェルの偉さが理解できた気がした。

ファラデーやマックスウェルの考え方の大切な点は、この力線は現象を説明するために、便宜上、引かれた図形ではないという点である。

(朝永振一郎編『物理学読本』)

クーロンの考え方では、最初に電荷が二つあって、その二つの電荷のあいだに力がはたらくのである。ここに、力線を描こうが描くまいが、差はないように思われる。だが、ファラデーやマックスウェルは、実は、発想を逆転していたのである。そこに気がつかないと、彼らの偉さは実感できない。

二つの電荷のうちの一つを取り去ったらどうなるだろうか? クーロンの考え方では、もはや、力ははたらかないし、そこには何もない。孤立した電荷が一つあるだけ。力がはたらかないのだから、力を説明するために引いた力線もいらないだろう。

ところが、ファラデーやマックスウェルの考えでは、電荷が一つの場合でも、力線は立派に存在するのである。つまり、電荷や力が主役なのではなく、空間に分布した力線こそが主役だと考えるのである。

ファラデーやマックスウェルにとって、力線は、現象を説明するための便宜的な補助線ではない。力線こそが、物理現象の根本なのである。

力線ですべてを説明しようという思想が「場」という考えなのである。

電荷は、空間の一点にある「粒子」というイメージと切り離すことができない。その意味で、ファラデーやマックスウェルの試みは、一言でいえば、

粒子から力線（場）へ

という標語でまとめることができる。

§梯子をはずされた電磁場

さて、玉とバネを使った直観的な場の理解へ話を戻そう。

たとえば弾性体の場合には、まさにこの描像のとおりで問題がない。だが、電磁場の場合は、

ちょっと事情が異なる。

弾性体と電磁場がどうちがうのか、ちょっと考えてみよう。

弾性体の例として地震波を考える。地震波の場合、媒質である地殻が波を伝えるのである。それと同じで、電磁場の場合も、電場や磁場を伝える媒質を考えるのが自然なように思われる。実際、そのような媒質には「エーテル」という名前がつけられていた。

余談だが、媒質というのは、英語のmedium（ミーディアム）の訳である。テレビや新聞などのマスコミのことをメディアと呼ぶことがあるが、あれは、mediumの複数形のmediaで、情報を伝える媒体という意味ですよね。

さて、マックスウェル自身は、エーテルに関して、次のように述べている。


われわれは……実験事実として、浸透する媒質が存在することを認めなければならない。その媒質は小さいながらも実際の密度をもち、動くことが可能で、その部分から部分へと、きわめて大きいながらも無限大ではない速度で、動きを伝えることができる。

であるから、この媒質の部分部分のつながり方は、一部分の動きがなんらかの方法によって残りの部分の動きに依らなくてはならない。と同時に、このつながり方はある種の弾性的な影響をこうむるにちがいない。なぜなら、動きの伝わり方は瞬間的ではなく時間がかかるものだから。

この媒質は、したがって、二種類のエネルギーを受け取り貯蔵することができる。すなわち、部分部分の動きによる「実際」のエネルギーと、自らの弾性による変位から回復するために媒質がおこなう仕事からなる「ポテンシャル」エネルギーとである。

（マックスウェル『電磁場の動力学的理論』竹内訳）

古めかしい言葉ばかり出てきて、意味がわからん。ちょっと解説が必要です。

まず、

「きわめて大きいながらも無限大ではない速度で、動きを伝えることができる」

というのは、まさに無数の玉とバネが波動を伝える速度が有限であることを意味する。それは、バネだからこそ可能なのであって、ニュートン力学で仮定される「剛体」ではだめなのだ。剛体は、その名のとおり、硬くて縮まない架空の（＝理想の）物質なので、剛体の端から端まで瞬時に力が伝わる。

クーロン力の遠隔作用はニュートンの万有引力と同じで、空間自体が剛体のように瞬時に力を伝えると考える。

だが、ファラデーやマックスウェルの疑義も、もっともだ。なぜなら、硬い鉄の棒なら、端を押したときに、もう一方の端に瞬時に力が伝わりそうな気もするが、クーロン力や万有引力の場合は、途中は真空で、硬い物質など、どこにもないからである。

「この媒質の部分部分のつながり方は、一部分の動きがなんらかの方法によって残りの部分の動きに依らなくてはならない」

という部分は、なんとなくわかる。

無数の玉とバネの系は、全体がつながっている。その意味で、一部分が残りの全体の動きに依存することは、すぐに理解できますよね。

重要なのは、

「部分部分の動きによる『実際』のエネルギーと、自らの弾性による変位から回復するために媒質がおこなう仕事からなる『ポテンシャル』エネルギーと」

という箇所だろう。

ここでマックスウェルのいう「実際」のエネルギーとは、ようするに玉の運動エネルギーだと解釈することができる。そして、「ポテンシャル」エネルギーは、当然のことながら、自然長より縮んだり伸びたりしたバネがもつエネルギーにほかならない。

たとえば、静止状態からバネを手で縮めてやる。手を離した瞬間、玉は止まっている。このとき、バネのほうは、「これから思い切り伸びるぞ」という潜在能力（ポテンシャル！）を秘めている。ちょっと時間がたつと、バネは徐々に伸びていって、玉が動きはじめる。バネのポテンシャルエネルギーが解放されて、玉の運動エネルギーに変換されたのである。バネの自然長のところで玉は最高速度に達する。ポテンシャルエネルギーがゼロになって、玉の運動エネルギーが最大になったのだ。だが、玉の勢いは止まらず、今度は、バネがどんどん伸びはじめる。すると、玉はバネに引き戻されるので、速度が落ちてくる。やがて、玉が静止したところで、バネは大きく伸びて、「これから思い切り縮むぞ」というポテンシャルエネルギーだけになる。

　こうやって考えると、マックスウェルの言っている「媒質」は、まさに、無数の（無限小の）玉とバネの系で記述できるように思われる。

　マックスウェル自身は、この媒質のことを「エーテル」と呼んでいる。実際、ここで引用した論文のほかにも、ブリタニカ大辞典のエーテルの項目を長々と執筆している。

　地震波は地殻という媒質を伝わる。固体や結晶の格子振動は、原子や分子という媒質を伝わる。波動の波長が原子や分子の格子間隔よりも大きいなら、連続体近似がなりたつため、「媒質」という言葉をつかっていいのである。つまり、大きな波からすれば、格子は無限小に等しいということだ。海の波の場合は、水の分子自体が大きく動いてしまうから、変位ではなく速度の場を考えるが、やはり、水の分子という媒質があることに変わりはない。

　ところが……である。

　有名なマイケルソンとモーリーの実験によって、電磁場を伝える役割を果たす媒質、すなわちエーテルは、存在しないことが証明されてしまったのだ。（詳しくは拙著『ペンローズのねじれた四次元』などをご覧いただきたい）

場は、無限小の玉とバネが無限個集まった状態だといったが、電磁場も例外ではない。それは、数学的にも正しい。だが、実験によって、エーテルは存在しないというのだ。エーテルがないということは、いうなれば、バネの変位はあるのに、玉やバネの本体は存在しないというに等しい。

これは、たいへん気持ちが悪い。だが、いくらがんばってみても、ないものはない。悪あがきはやめて、エーテルがないことを認めるしかない。場はあるけれど、媒質は存在しない。それが現実なのである。

せっかく、電磁場の具体的なイメージを思い描くために、玉とバネを用意して、それが無限に小さくなったことで「場」を理解したつもりになったのに……。

だが、この状況は、ある意味で、ファラデーやマックスウェルの精神に合致しているともいえる。なぜなら、電荷という「モノ」ではなく、場という「コト」こそが物理学の基礎なのだというのであれば、この際、場をつくっている「モノ」である媒質もなくなってしまったほうがすっきりするだろうから。

物理学は、具体的な「モノ」をなくして、抽象的な「コト」でおきかえる方向に動いていると

いっても過言ではない。標語としてまとめるのであれば、

　　モノからコトへ

ということですね。

§マックスウェルの方程式を本気で理解する

マックスウェルの方程式は微分方程式なので、おそらく、大学で理数系にでも進まないかぎりお目にかかることはないだろう。それも、クーロンの法則、アンペールの法則などをバラバラに教わったあとに、

「もう今学期の授業も残り少なくなりましたが、最後に、これまでに習ってきたさまざまな電磁気の法則を美しい方程式にまとめたのがマックスウェルです」

とかなんとか、先生がお茶を濁すのが関の山。

大学の授業でもちゃんとやらないことをエンタテインメント科学書でできるはずもない。だが、僕は、まだまだ精神年齢が若い（つもり）ので、この際、読者に本物のマックスウェルの方程式を観賞してもらわないことには気がすまない。かなり無謀な試みであることは承知の上で、

マックスウェルの方程式の真の数学的な意味を伝授しよう。

ただし、世の中には（高等）数学ファンが数千人しかいないことは、いくら常識はずれの僕でも心得ている。だから、物理の世界は覗いてみたいけれど、やはり数式はゴメンこうむる、という方は、この節は飛ばし読みにしてくださって結構です。あるいは、本を読み終わったあと、ぶらりと様子見に戻ってきてくださってもかまわない。

法華経でお釈迦様の説教がはじまるとゾロゾロと聴衆が退出してしまって、あとには少ししか人が残らない話を思い出すが、なんとか、わかりやすく解説しますので、おつきあい願いたい。

（あー、これやるからいかんのだよな。むかし、まだ大学院にいたとき、大学一年生の力学の演習の授業を受け持っていたが、学生かわいさに難しい問題ばかりやらせていたら、しまいに人望を失ったらしい。ある雪の日、教室にいってみると、ガランとしていて、灯りもついていないではないか。教え方が悪いということになって、とうとう、学生たちにボイコットされたのだった。僕は、いつも、熱心なあまり、やりすぎて墓穴を掘る……）

さて、マックスウェルの方程式は、次のような形をしている。

$$\mathit{div}\,\boldsymbol{E}=\rho \quad \cdots\cdots①$$

$$\mathit{curl}\,\boldsymbol{E}=-\dot{\boldsymbol{B}} \quad \cdots\cdots②$$

$$\mathit{div}\,\boldsymbol{B}=0 \quad \cdots\cdots③$$

$$\mathit{curl}\,\boldsymbol{B}=\dot{\boldsymbol{E}}+\boldsymbol{j} \quad \cdots\cdots④$$

うわーっ！　頭が爆発しそうだ。

本を閉じられる前に、この数式をふつうの日本語に翻訳いたしましょう。

まず、最初の①式であるが、$\boldsymbol{E}$は電場のベクトルをあらわす。この本の最初にやった矢印のベクトル場を思いだしてください。大きさと方向をもっていて、それが、場所と時間によって変化するわけ。ρはギリシャ文字の「ロー」で、英語だったらrにあたる。これは電荷の密度をあらわす。たとえば体積1㎤の箱の中にある電荷の量をイメージしていただきたい。

ここまではいい。

問題は、電場$\boldsymbol{E}$の前についている奇妙な*div*という文字である。これは、英語のdivergence（ダイバージェンス）の略で、日本語では「発散」という。文字通り、電場ベクトルが、ρのある点から、どれくらい発散しているかをあらわす。

電場はベクトル場なので、流体のイメージで理解するのがいちばんわかりやすい。

想像の中で、箱根の温泉に行きましょう。温泉には湯の湧き出し口があるはず。これは、やってはいけないことなのだが、温泉全体に色つきの細かい粒子をバラまく。そして、短い露光時間

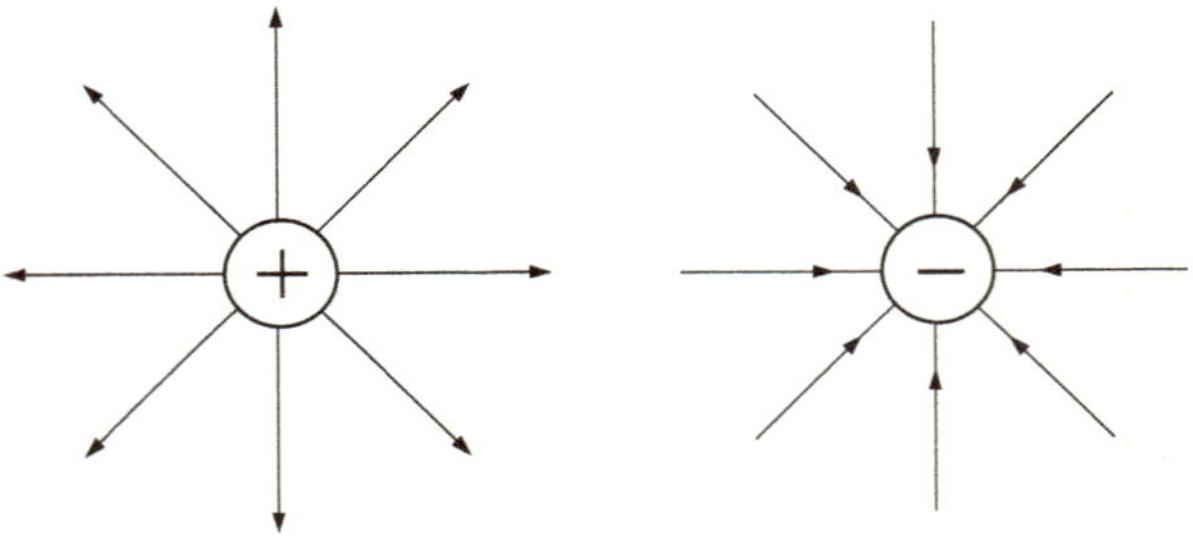

図9　湧き出す電気力線

で写真に撮る。すると、お湯の流れの速度場が線になって写る。そのとき、湧き出し口のところに注目して、その周囲を架空の箱で覆ってみる。すると、その箱の中からは、外に向けて、正味の流れがあることがわかる。つまり、箱の中から外へ向けて、流体が作り出されているわけだ。あたりまえの話だ。お湯がそこから湧き出しているのだから。この湧き出しの量が「発散」なのである。電場の場合は、お湯の代わりに電場というか電気力線が湧き出しているわけ（図9）。

　これで、最初の式の意味がおぼろげながらわかってきた。

　つまり、電荷ρから電気力線が四方八方に出ている。そして、その電荷の周囲を架空の箱で覆うと、その箱をつらぬく力線の数を勘定することができる。力線が多いほど電場は強い。方程式の意味は、だから、

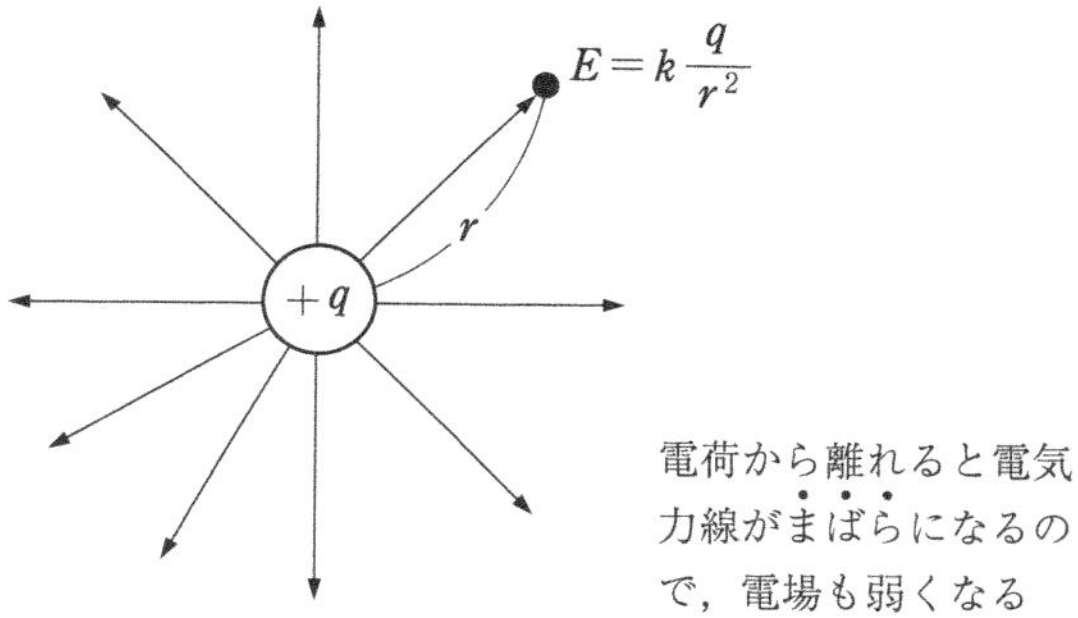

電荷から離れると電気力線がまばらになるので，電場も弱くなる

図10　クーロンの法則

方程式①の意味　電場の発散は電荷に比例する

ということになる。

そんなに難しくなかったでしょ？　これは、場の量で書いてあるのだが、マクロの視点から見れば、クーロンの法則と呼ばれているものである。（電荷分布から電場が決まるから。**図10**をご覧ください）

次に方程式②。

$\boldsymbol{B}$は磁場。$\boldsymbol{B}$の上の点は、「時間変化」をあらわす。これは、古典力学などでも頻繁にあらわれる記号だ（ほら、$\dot{x}$は速度vをあらわし、$\dot{v}$は加速度aをあらわすでしょう）。さて、問題は、*curl*という奇妙な英語である。「カール」と読む。むかしの映画なんかで寝ぼけ眼《まなこ》の奥さんが頭髪にたくさんつけていたのが、ヘアカール。あのカールと同じです。つまり、「巻いている状態」をあらわす。「回転」ともいう。つまり、電場の渦の強さをあらわす。だか

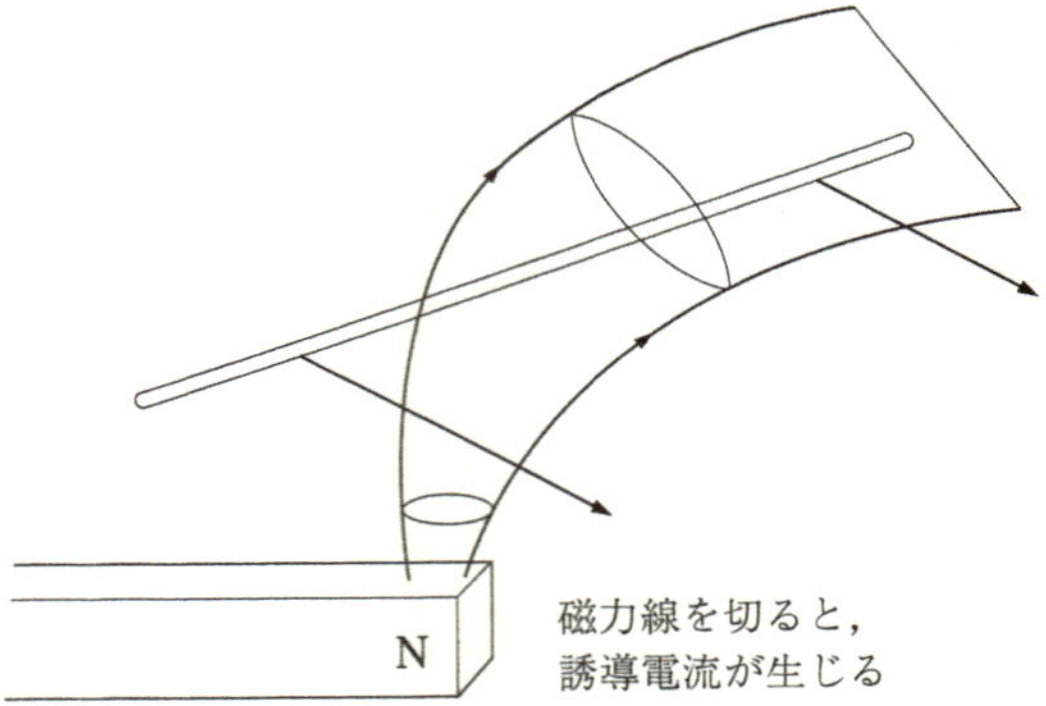

図11　ファラデーの法則

磁場の変化が電場を生む

ら、方程式の意味は、

方程式②の意味　電場の回転は磁場の変化に比例する

ということになる。これは、マクロの視点からは、たしか、ファラデーの法則というのではなかったか。そう、閉じた円を貫く磁束の変化が円をまわる電流の大きさに等しいのである。輪っかに棒磁石を出し入れすると、くるくるとまわる電流が生じる。ただし、磁石を動かし続けないと電流は止まってしまう。磁場の変化が電場を生むのだから（図11）。

方程式③は、最初のと似ている。ちがう点は、右辺がゼロであること。つまり、磁場の発散は常にゼロなのだ。磁場には湧き出しや穴がない。だから、

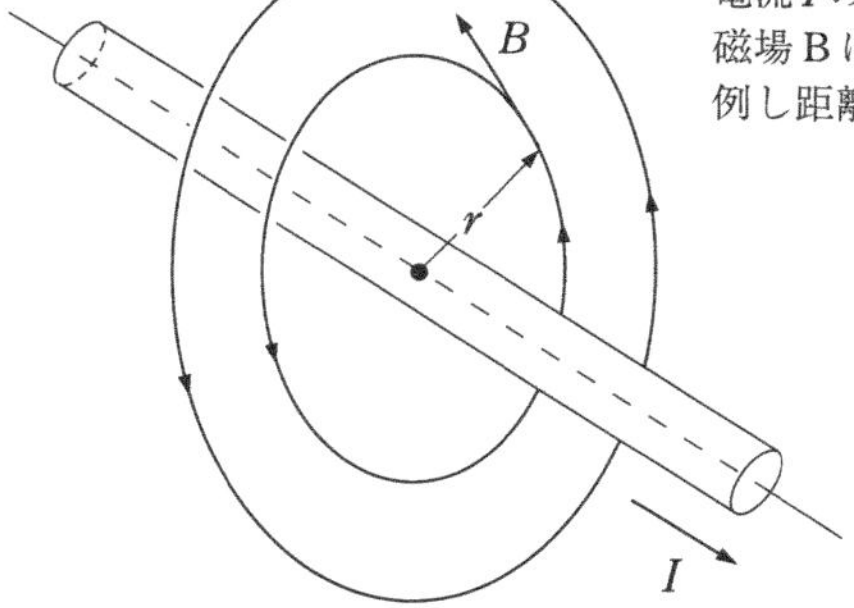
電流Iのまわりにできる磁場Bは,円形で,Iに比例し距離rに反比例する

$$B \cdot 2\pi r \propto I$$

図12　アンペールの法則

磁場の「素《もと》」である磁気単極子（モノポール）は存在しないのだ。

方程式③の意味　磁気単極子は存在しないので磁場の発散は常にゼロ

最後に方程式④である。

$\boldsymbol{j}$は電流密度をあらわす。単位立方センチメートル内の電流の量。方程式②に似ていますね。

方程式④の意味　磁場の回転は電場の変化と電流に比例する

電流が流れていると、その周囲に磁場ができること自体はマクロの視点からは、アンペールの法則として理解できる（図12）。

さて、この最後の方程式④は、さらっとやってしまったが、実は、マックスウェル方程式の要《かなめ》である。その要とは、$\dot{\boldsymbol{E}}$のことだ。電流だけでなく、電場の変化も磁場の回転を可能にするのである。この電場の変化$\dot{\boldsymbol{E}}$のことを「変位電流」と呼んでいる。変位電流はマックスウェルが理論的に発見したのである。マックスウェルの方程式の他の部分は、マックスウェル以前の学者たちの理論や実験を「場」の数学におきかえただけだといってもまちがいではない。だが、変位電流は、マックスウェルの独創的なアイディアなのだ。

なぜ独創的なのか？

それは、この変位電流がないと、「電磁波」が存在しないからである。方程式の②と④を睨んでいると、その理由がわかります。

まず、方程式②によって電場の変化が磁場の回転を生む。つまり、磁場が変化する。今度は、その磁場の変化が電場の回転を生む。その回転が磁場の回転へつながる……というぐあいに、電場と磁場は遊園地のシーソーのように、かわりばんこに回転が伝わっていくのである。それが、電磁波なのである。

いかがでしょうか？　電場の変化が磁場を動かし、その磁場の変化が電場を動かす。だが……もしも、変位電流がなかったらどうなるだろうか？

電磁波が伝わる真空には電流は存在しない。だから、電場が変化しなかったら、磁場の回転はゼロになってしまう！　つまり、シーソーのギッタンバッコンは続かなくなって、電磁波は消えてしまうのだ。

そうですねえ、伝言ゲームで男（電場）と女（磁場）が交互に並んでいるようなイメージか。変位電流がないということは、いうなれば、男は口ベタで伝言をうまく伝えられないというような感じ。

とにかく、電磁波というのは、電場と磁場が交互に波を伝える現象なのだ。マックスウェル以前の学者たちは、変位電流に気がつかなかったわけ。

電波も電磁波の一種だから、われわれが携帯電話でおしゃべりをしたりテレビを見たりできるのは、マックスウェルのおかげなのだ。

ちなみに、世界で最初に電波実験に成功したのはヘルツで、１８８８年のことであった。マックスウェルは１８７９年に死んでいるから、変位電流の存在が実験的に証明されたのは、マックスウェルの死後９年たってからだったのである。

さて、もう一度、マックスウェルの論文に出てきた「歯車」の図をご覧いただきたい。なんだか、わけのわからない図であったが、ここまでくると、ようやく、その意味もよくわかるようになる。

歯車は、磁場の回転なのである。だが、磁場の回転は、もしも変位電流がなければ、歯車のまわる向きが同じになってしまって、歯が壊れてしまう……。

というわけで、磁場の回転どうしをくっつけるためには、歯車のあいだに小さな粒子が必要になる。この小さな粒子が「変位電流」なのである。さきほどは、いい加減に「電流玉」などと勝手な名前で呼んでいたが、変位電流が正式名称です。

歯車が同じ方向にまわるためには、あいだに何かが必要だ。そんな閃《ひらめ》きのおかげで、われわれは、携帯電話を使えるようになった。いやあ、天才の直観の波及効果は凄いもんだ。

あ、ここで、ちょっと重要なことを注意し忘れていたことに気がついた。

「いったい、電場の変化と電流とどうちがうのか？」

これは、実は、大ちがいであって、電流は、電子の流れなのに対して、電場は（後でわかるように）量子力学的には、光子の振動なのである。変位電流は電磁場（＝光子）の性質なのであって、電子は関係ない。

電流＝電子の流れ
変位電流＝電場の変化

（電子はマイナスの電荷をもっているので、電子の流れは、電流の流れとは逆になる。歴史的に

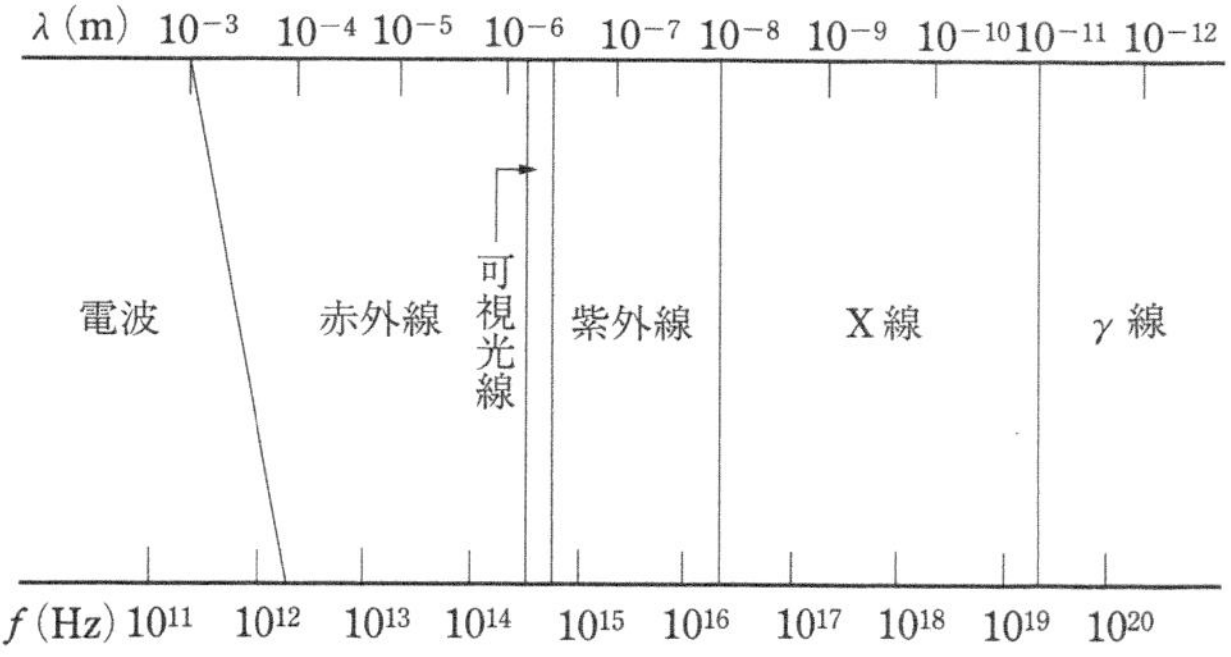

図13　電磁波を波長で分類する

電子が発見される前に電流をプラスの電荷の流れと定義してしまったまま、いまだにこうなっている）

物質としての電子が電荷や電流をつくって、波動としての電磁場に影響をあたえるわけ。ちなみに、電磁場は波長によって名称がちがうのでややこしい。表にまとめてみました（図13）。

最後に、電磁場の「双対性」について一言。

玉とバネの役割を替えても振動数が変わらないのと同様、電荷や電流がない場合は、マックスウェルの方程式において、電場と磁場の役割を入れ替えても方程式は不変だ。（マイナス符号はありますけど……）

この双対性は、実は、現代物理学の最前線でも頻繁にあらわれる概念であり、後から解説する「くりこみ」などとも関連している。

あれ？　案外、難しくなかったじゃないか。

いやいや、マックスウェルの方程式の意味は説明したが、発散や回転の数学は説明していなかった。

と、続けようと思ったのだが、ここでさすがに躊躇《ちゅうちょ》してしまった。この本は数式本ではないので、やっぱりやめ！

第2章　量子のダンス

古典的なマックスウェルの電磁場から、いよいよ、現代的な量子場へと話は進む。すべてを力線によって説明しようという企てによって、いったんは主役の座から引きずり降ろされた粒子のイメージが、「量子」という新しい芸名で舞台に復活する。

§量子とはなにか

１９６５年度のノーベル物理学賞を受賞した朝永振一郎博士は数々の名著を残しているが、その中に『素粒子は粒子であるか』という解説がある。素粒子は、いうまでもなく、量子力学の法則にしたがうミクロの粒子である。そのミクロの粒子が、われわれの思い浮かべる普通の粒子とどうちがうのかが、明快に解説されている。その見出しを挙げてみるだけで、量子と粒子のちがいがよくわかる。

1 素粒子は通常の粒子と似たものであるか
2 素粒子は一つ二つと数えることができる
3 素粒子の各々は自己同一性を持っていない
4 自己同一性を持たない「粒子」はあり得ないものではない
5 素粒子が空間のどこの点にいるかということは定められる
6 素粒子の運動量とエネルギーの値は定められる
7 素粒子は、その位置と運動量とを二ついっしょには定められない
8 素粒子は運動の道筋を持つことはできない
9 電子や光子の状態はベクトル的な性質のものである

ここで注目すべきは、3と7と8であろう。4は次節でとりあげることにする。9は少し数学的になるので割愛します。

さて、1から順に見ていこう。朝永博士は、量子が粒子とどうちがうのかを解説するにあたっ

て、米粒や鉄砲玉との比較からはじめる。

「素粒子とは、これこれの色を持つとか、これこれの温度をもつとかいう、文章の主語にはなれないようなもの」

なのだという。僕は、生まれてはじめてこのくだりを読んだとき、あまりの巧さに、思わず唸ってしまった。

米粒は白濁色をしている。鉄砲玉は黒光りしている。鉄砲玉は冷たい。そういう文章に慣れているわれわれは、ついつい、量子は何色をしているのか、などと質問してしまいそうになる。だが、量子は、そういう普通の文章の主語にはなりえないようなものなのだ。

これは、一種の思考の飛躍を必要とする。日常生活のアナロジーでは語ることができないものが物理学的に存在するということだからだ。

次に、2の量子が数えられるというのは、ふつうの粒子と共通する点なので、特に問題ないでしょう。

驚くのは、3である。なんと、量子には自己同一性がないのだという。

自己同一性というのは、人間に当てはめるならば、アイデンティティのことであり、個性のことである。その人物が常に同じ人物であることを保証する最後の砦のことである。もしも、それがなくなったなら、その人は、他人と区別ができなくなってしまうような特徴のことである。

人間だけではない。犬や猫だって自己同一性をもっているし、それどころか、米粒や鉄砲玉にだって自己同一性はある。ご飯を食べるときに米粒を見てみれば、どれ一つとして同じ形や色をしていないことに気がつくであろう。鉄砲玉だって、かなり似ているものの、やはり、微妙な差があるにちがいない。

ところが、量子は、自己同一性をもっていないのだという。そんなこと、本当に可能なのか。

朝永博士は、ここで一つの「思考実験」を提示する。似たような実験は実際におこなうことができるが、とりあえずは、理論的に頭で考えるのである。

実験　箱を二つ用意して、でたらめに二粒の米を投げ入れる。米は、必ず、どちらかの箱に入るものとする。このとき、米粒が二つの箱に分かれて入る確率を求めよ。

実験というよりは確率論の計算であるが、面白い問題なので、ちょっと考えてみてください。といっても、特に難しいことはない。どのようなパターンがあるかを数えあげればいいのである。二つの箱をＡ、Ｂとして、二つの米粒を「一郎」、「次郎」と呼ぶことにすると、考えられるパターンは、次の四とおりである。

①Aに一郎と次郎が入ってBには入らない
②Aに一郎が入ってBに次郎が入る
③Aに次郎が入ってBに一郎が入る
④Aには入らないでBに一郎と次郎が入る

ね？　カンタンでしょう。米粒がどこかへいってしまって箱に入らないような可能性は考えないので、これですべてのパターンが尽くされた。この四つの場合は、それぞれ、$\frac{1}{4}$の確率で起こるものと考えられる。だから、米粒が二つの箱に分かれて入るのは、②と③の場合を足して、$\frac{1}{4}+\frac{1}{4}=\frac{1}{2}$と計算できる。四つの可能性のうち、米粒が分かれて入るのは二つのパターンなのだから、あえて計算などというほどのこともない。

この議論、とてもクリアカットで疑いを差し挟む余地はない。誰が聞いても、そりゃそうだ、とうなずくこと請け合いである。

ところが……実際に量子を使って、同じような実験をやってみたらどうなるだろうか？

光子を使って実験をしてみる。本当の実験の場合は、一度ではだめで、それこそ何百回も何千回もくり返さないといけないが、仮に、1000回、実験をしたとしよう。二つの光子が二つの箱に分かれて入る回数はどうなるだろうか？

答え　約３３３回

うん？　１０００回のうちの３３３回ということは、確率$\frac{1}{3}$ではないか！

いったい、どうして、こうなるのだ？

実は、この実験こそが、量子に自己同一性がないことの証明なのである。なぜかというと、量子は、米粒とちがって、一郎と次郎が区別できない。原理的に区別ができない。だから、場合分けは、米粒とちがって、

①Aに二つ入ってBには入らない
②Aに一つ入ってBに一つ入る
③Aには入らないでBに二つ入る

の三つしかない。だから、光子が二つの箱に分かれて入る確率は、②だけ考慮して、$\frac{1}{3}$になるのだ。

光子は、ある意味で「顔」がないのである。もちろん、光子にも物理的な性質はある。質量は

ゼロで「スピン」と呼ばれる一種の自転をしている。電荷はゼロである。だから、われわれは、電子と光子をとりちがえることはない。だが、二つの光子どうしは原理的に区別ができないのである。

でも、ここで素朴な疑問が湧いてくる。それは、5と6と自己同一性の話が矛盾するのではないか？　という疑問である。

5　素粒子が空間のどこの点にいるかということは定められる
6　素粒子の運動量とエネルギーの値は定められる

つまり、光子が空間のどこの点にいるかはわかるし、運動量とエネルギーも決まるというのである。それならば、たとえば、A地点にいる光子とB地点にいる光子は「別」だということがわかるではないか。さらには、エネルギーや運動量が違えば、やはり、別々の光子だということがわかるではないか。別々であることがわかるのに、どうして、自己同一性がないなどといえようか。

もっともな疑問である。

だが、自己同一性がないということは、たとえば、衝突したときに、どっちがどっちかがわか

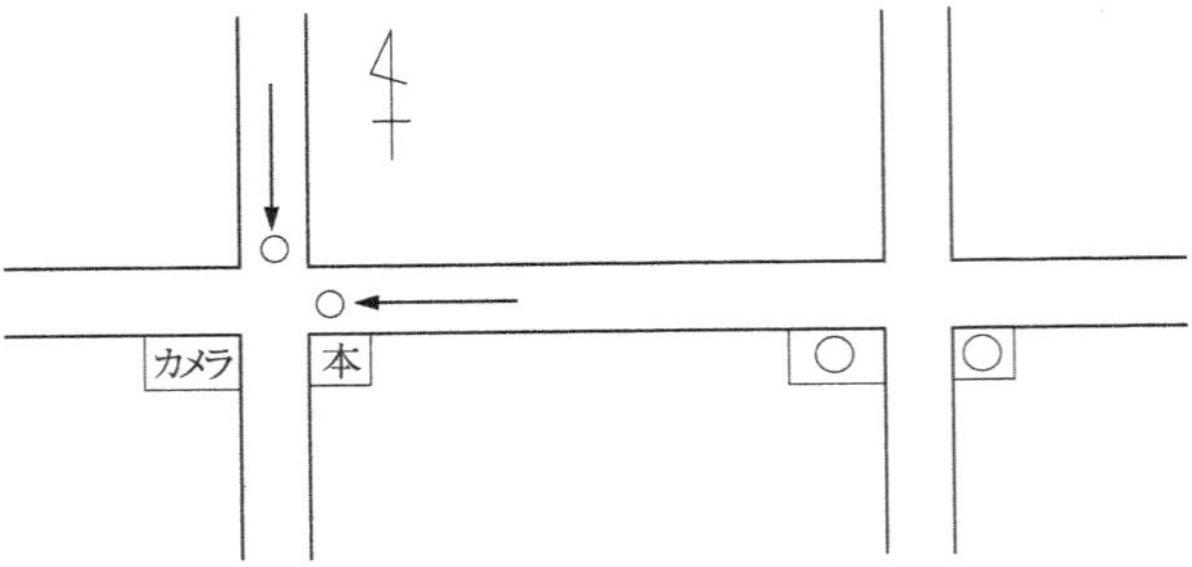

図14　どっちがどっち?

光子が交差点で衝突しても、どっちがどっちか判別することはできない。(あとでファインマン図が出てくるが、そこで、光子の衝突が低い確率でしか起こらないことがわかります。だいたい、光子は止まることもできない。おかしいぞ、と疑問に思った慧眼な読者は、「光子」を「α粒子」とでも読み替えてください)

らなくなる、というような意味なのである。

図のように、交差点に東から光子が一つ飛んできて、北から別の光子が飛んできたとする。信号無視で交差点に進入してきた両者は、衝突して、角のカメラ屋と本屋につっこんだ。さて、問題は、どちらの光子がどちらの店につっこんだのかである(図14)。

自己同一性がないということは、このような状況において、原理的に、どっちの光子がどっちの店につっこんだのかがわからない、ということなのだ。これは、言い換えると、二つの光子を取り替えても物理的には差がない、という意味である。警察が事故の現場検証に来て、しょげている二人の運転手に尋問をする。

ダイアローグ

ふたりの光子の謎

警察「お嬢さんがた、お名前は？」

光子「光子です」

光子「光子です」

警察「ほほう、同じお名前ですか。失礼ですが、苗字は？」

光子「ありませんの」

光子「ありませんの」

警察「うーむ、そうですか……ええと、カメラ屋につっこんだ光子さんにお聞きします。あなたは、北から来られたのか、それとも、東から来られたのか？」

光子「それがわかりませんの」

警察「困りましたな……では、本屋につっこんだ光子さんは、どちらの道から来られたのですか？」

光子「それがわかりませんの」

別に警官をおちょくっているわけではない。ぶつかる前、どっちの光子がどっちから来たのか、誰にもわからないのだ。目撃者にもわからない。本人たちにもわからない。

僕の高校の同級生に一卵性の双子がいた。あまりにも姿形が似ているので、外で会っても、どっちがどっちかわからない。二つの光子が原理的に区別できないということは、なんだか、そんな状況に似ている。

朝永博士の言葉を借りれば、

「二つの光子の一方が一郎であり、他の一方が次郎であるというふうな区別をすることは、そもそもできないのである」

という次第。

さて、次に7と8である。

7　素粒子は、その位置と運動量とを二ついっしょには定められない

8　素粒子は運動の道筋を持つことはできない

7は、「ハイゼンベルクの不確定性原理」と呼ばれている。運動量というのがわかりにくい人は、速度と言い換えてもらってもかまわない。われわれは、実験器具に精度があるのを知っている。いくら精密な測定器でも、その測定器の精度までしか測ることができない。実験誤差という

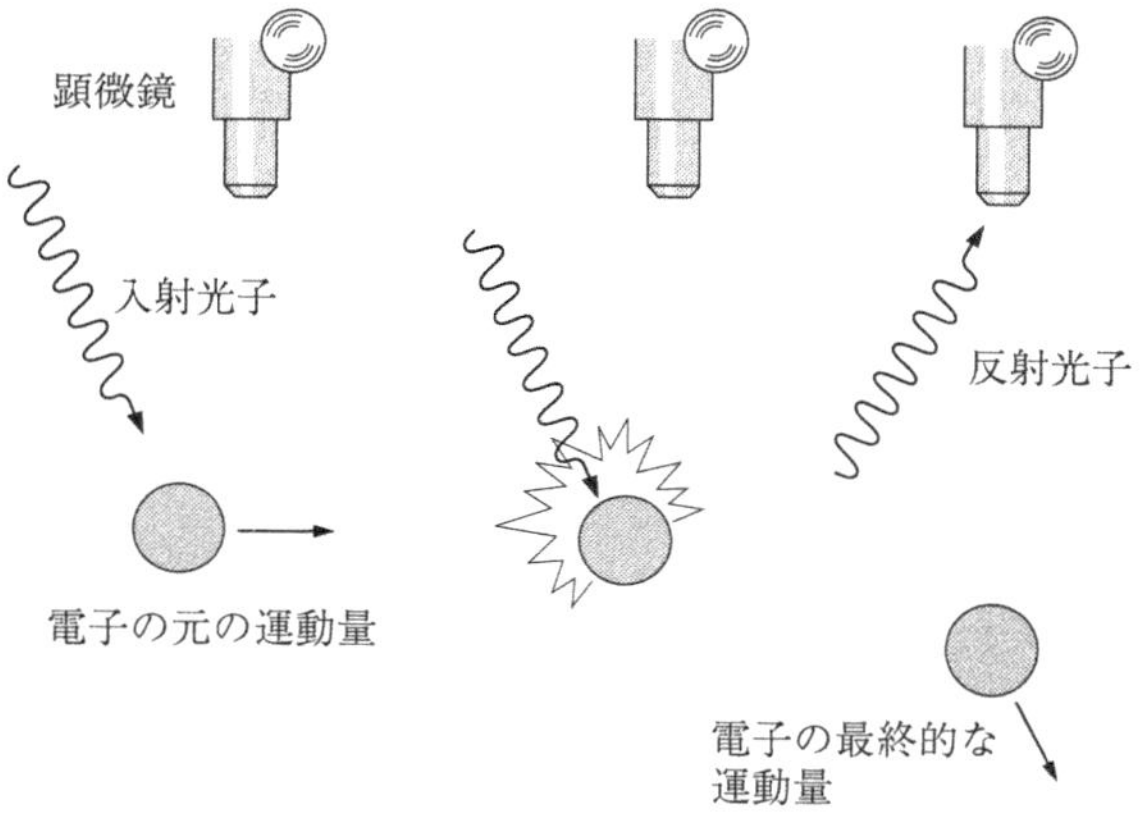

図15　顕微鏡の思考実験

ハイゼンベルクの思考実験では、波長の短い光であるγ線をミクロの対象にぶつけてみる

やつである。だが、不確定性原理は、原理という言葉が示すように、単なる誤差とはわけがちがう。

図15をご覧いただきたい。顕微鏡の概念図である。顕微鏡で小さな物質を見るとき、光が物体の表面で反射しても物体は止まっている、という暗黙の了解がある。光学顕微鏡は、光が物体の表面に当たって、レンズを通って、最終的には人間の眼に入るようにできている。だが、光が物体の表面に当たった瞬間、その運動量のために、物体があらぬ方角へ飛んでいってしまったらどうなるか。光といえどもエネルギーと運動量をもっているから、観察している物体が充分に小さければ、光がぶつかった衝撃で物体の位置が変わってしまうことはあるだろう。

実際、観察する対象が量子であれば、光子が当たった瞬間に、観察されるはずの量子は、どこかへ飛んでいってしまう。位置も運動量も変わってしまうのである。

位置を正確に決めるためには、より波長の短い光を当ててやる必要がある。だが、波長の短い光は、エネルギーが大きいために、観察対象の量子にぶつかった瞬間、量子は大きな運動量をもって視界から消え去る。つまり、位置を正確に決めようとすると、たしかにその瞬間の量子の位置はつかめるのだが、その代償として、運動量はわからなくなる。

その逆もまたしかり。量子の運動量を正確に決めようとすると、今度は、位置が不明になる。あっちを立てようとすればこちらが立たず、こちらを立てようとすればあちらが立たず。とかくこの世は住みにくい。

この、なんとも苛立たしい状況のことを不確定性原理と呼ぶのである。(この原理を使って、あとで、湯川秀樹博士の中間子論を説明します)

最後に8の道筋についてカンタンに述べよう。

量子が道筋をもたないことは、よく、「2スリット実験」を例に説明がなされる。スリットとは細長い孔のこと。光子でも電子でもいいが、一つの量子がスリットを通り抜けて、フィルム面に当たる。そのとき、量子は、いったいどちらのスリットを通ってきたのか、という問題である(図16)。

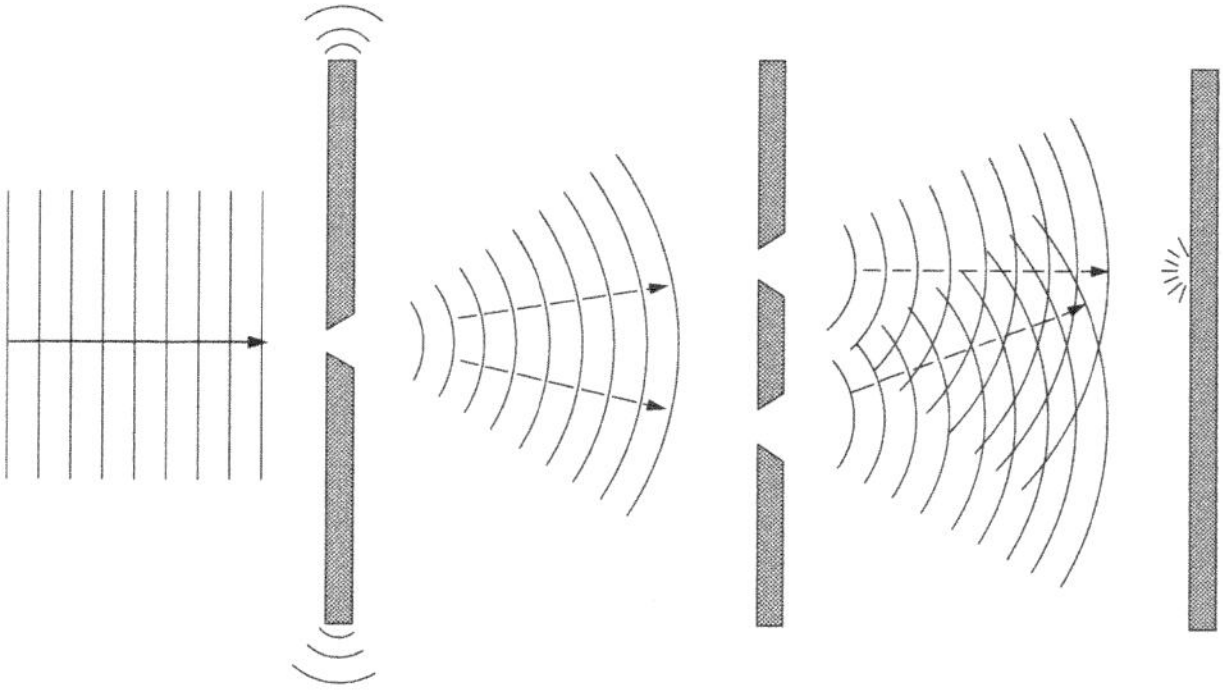

図16　2スリット実験

量子は同時に2つの孔を通り抜ける。このことから、量子には、古典的な意味での「道筋」という概念は通用しないことがわかる

道筋とは、ようするに、どちらの孔を通ったかが決まる、ということである。だが、量子は、ある意味で、同時に二つの孔を通るのである。どうして、そんなことがわかるのかといわれるかもしれないが、二つの孔を通ったと考えないと説明のつかない現象があるのだ。

それが、干渉パターンである。

一つの量子だけなら、それがフィルムにぶつかって斑点を残すだけの話である。だが、時間をおいて、二つ目の量子を発射してみよう。この二つ目の量子も、フィルムに斑点を残す。これを延々と続けていくと、徐々にフィルムに縞模様のごときものが見えてくる。縞模様といっても、もちろん、小さな点からできている。でも、遠くから見れば、たしか

図17　干渉パターン

波は山と山が強め合って、山と谷が弱め合うので、干渉パターンができる

に縞模様に見えるのだ。ちょうど、パソコンやテレビ画面の模様が、小さな点の集まりであるのと同じだ。

この縞模様は、いわゆる波の干渉パターンである。ほら、小学校のときに理科の授業でやった覚えがあるでしょう。四角い容器に水を入れて、真ん中の仕切りに二つの孔をあけておく。仕切りの左で波をたててやると、その波が、仕切りの孔から新たな二つの円形の波になって伝わって、その円形の波どうしがぶつかると、波の山と山が重なって波が大きくなったり、山と谷が重なって波が打ち消し合ったり（図17）。

縞模様の斑点が密集しているところは、強め合っている箇所で、反対に、斑点がまばらなところは、打ち消し合っている箇所だと考えられる。

だが、いっぺんにたくさんの量子を発射しているわけではない。だから、たくさんの量子どうしが互いに干渉しているのではない。

だから、一つの量子は、自分自身と干渉していると考えるほかはない。一つの量子が、同時に二つの孔を通って、自分自身で干渉するのである。

それは、つまり、量子がどちらの孔を通ったかを問うことができない、という意味で、道筋がないともいえるわけだ。

量子は、かくも奇妙な性質をもった存在なのだ。

歴史的には、アインシュタインが、電磁波と思われていた光が「光子」という粒々の性質をもつという「光量子仮説」を提唱し、フランス貴族のド・ブロイが、単なる粒子と思われていた「電子」に波動性があるという「物質波」の理論を考えた。

一言でいえば、

　　量子は粒子性と波動性をかねそなえた存在だ

ということである。

ちなみに、この粒子性と波動性も、同じ物理現象をちがった側面から見た、という意味で、「双対」だといえる。（「二重性」と呼ばれることが多いけれど）

量子という概念により、なんとなく、クーロンやニュートンに代表される「遠隔作用の粒子」

の概念と、ファラデーやマックスウェルに代表される「近接作用の波動場」の概念が統合されつつあるようですね。

だが、完全なる統合には、もう一歩進んで、「量子場」の理論が必要になるのです。

§ファインマンの経路積分では道筋は無限？

ちょっとしつこいようだが、「道筋」の概念は、まったく別の観点から考えることも可能なので、つけたしとしてご紹介しておきたい。

ふたたび「2スリット実験」を例に説明してみよう。

ファインマンは、量子力学の新しい定式化を考え出した。その名も「経路積分」。これは、本質的には、通常のシュレディンガー流やハイゼンベルク流による方法と変わらないが、概念的には、かなりわかりやすい。

「2スリット実験」は、ようするに、二つの孔を同時に一つの電子が通った、というところが謎のように感じられるのだった。

問「二つのスリット（孔）のどちらを電子が通ったのであるか？」

答「両方なのだ。なぜならば、途中で電子がどちらの孔を通ったかは測定していないから」

なんだか禅問答みたいですね。

だが、両方の孔を通ったと考えると、その両方の孔からの電子の波が干渉して、きれいな干渉パターンをつくるのである。

しからば、孔のところに測定器を置いて、どちらの孔を通ったかを測定したら、どうなるのか？

その答えは簡単で、測定装置の記録を見れば、電子は、どちらか一方の孔を通ったことがわかる。だが、それがわかったとき、もはや干渉パターンはみられないのである。干渉パターンが消えたということは、最初の（孔に測定装置を置かなかったときの）実験とはまったく別の状況になってしまった、ということだ。

素直に笑っていたのに、「ハーイ、撮るよぉ」と言われてカメラを向けられた瞬間に顔がこわばって写真が台無し。そんな経験をお持ちの方には、この電子の気持ちがわかるのではありませんか？　せっかく、両方の孔を通ってきれいな干渉パターンをつくっていたのに、「ハーイ、測定するよぉ」と言われたとたんに行動パターンが変わってしまって、どちらか片方の孔だけを通ってしまって、干渉パターンを描くことができなくなった電子。

いずれにせよ、観測しないときは、あらゆる可能性について足してやるのが量子力学の常道。

「2スリット実験」の場合は、二つの孔を通る経路があるので、その両方を通ったのだと考える。というか、経路1を通る可能性と、経路2を通る可能性を足してやるのだ。

経路が二つではなくて、もっと細かくてたくさんになったらどうする？　つまり、経路が連続的な可能性をとる場合は？　その場合は、足し算ではなくて積分になって、あらゆる可能性について積分することを「経路積分」と呼んでいる。

経路積分はファインマンが発明した。シュレディンガーやハイゼンベルクのつくった量子力学が理解できなかったので、開き直って、自分流に考えたら経路積分の方法を思いついたのだという。

ファインマンの経路積分の方法　あらゆる道筋について足すと量子力学になる

ファインマン流の考え方では、道筋はないのではなく、反対に、道筋は無数にあることになる。

いずれにせよ、量子力学の「道筋」は、われわれの頭の中にある、くっきりとしたイメージとはだいぶちがうようである。

つけたし終わり。

§軸が無限にたくさんある？

さて、量子力学にはいろいろな定式化があるが、もっとも一般的なのは、波動関数を使う方法だ。

この波動関数は、マックスウェルの方程式に出てくる電場や磁場のように実際に3次元空間を伝わる波ではない。ちょっとびっくりしてしまうが、量子力学に登場する波動関数 ψ は、実は、無限次元の空間に存在する確率の波なのだ！

うーん、いきなり頭が爆発しそうである。自己同一性がないとか、位置と運動量を同時には決められないとかいうところまでは、なんとか理解できそうな気がするが、無限次元の空間って、いったい何なのだ。

これは数学の話だから抽象的になるのはあたりまえ、という割り切り方もある。だが、そんなことをいっていたら、数式の本を読まないと量子力学はわからないということになって、早い話が、僕の出番などなくなってしまう。

そこで、こんな考え方はどうでしょう？

われわれは3次元空間の中に住んでいると思っているが、実は、それは人間の脳が作りだした一種の幻想であって、本当は、無限次元の空間に住んでいるのだ。つまり、今、目の前にあらわれている世界は、バーチャル・リアリティの世界なのであって、仮想にすぎない。宇宙の真の法則は、無限次元の中の波によって記述されるのだ。映画や小説の世界と同じように、目の前の世界もフィクションなのかもしれない。

なんだか、怪しい話をしていると思われるかもしれないが、もちろん、量子力学の解説をしているのであって、きわめてまともな話。

理論物理学者や数学者は、「無限次元のヒルベルト空間」というものを考える。無限次元とは、ふつうのx軸、y軸、z軸のほかに、無数にたくさんの軸がある空間のこと。

人間の脳は、直交軸が三つまでしか視覚的にイメージできないが、理論物理学者や数学者は、そんなことは気にしない。別に視覚的でなくても構わないからだ。論理的につじつまが合えばいい。

この感覚は、ちょうど、ミステリー小説において、目撃者がいなくても論理的に犯人を特定して満足するのに似ている。目撃者がいないかぎり犯人を逮捕できないのであれば、ほとんどの殺人事件は迷宮入りになってしまう。だが、アリバイを崩していって、論理的に「コイツが犯人だ」と証明することができれば、読者は満足する。

それと同じで、理論物理学者や数学者は、論理的に破綻しないかぎり、あらゆる証明をおこなう人種なのだ。

だから、四つ以上の軸が直交する空間なんて、別段、苦にしない。

絵に描くことができないから存在しない、と言い張る人は、目撃者がいないかぎり殺人は存在しない、と主張する犯人のようなもの。

ここは、ちょっと、科学ミステリーでも読んでいる気になって、無限にたくさんの軸がある空間を認めてください。

実際、量子力学の波動関数ψは、無限次元の空間の軸なのだ。つまり、x_1軸、x_2軸、x_3軸のかわりに、ψ_1軸、ψ_2軸、ψ_3軸、ψ_4軸……ψ_∞軸というふうに考えるのである。

まあ、百歩譲って、ここまでは許せる。

だが、話はこれで終わりではない。

無限次元の空間といったが、無限にもいろいろある。自然数の「個数」と実数の「個数」は、両方とも無限だが、このふたつは同じ大きさの無限ではない。実数というのは「小数点であらわすことのできる数」なので、自然数より圧倒的に多いのである。

自然数の無限は、

「いち、に、さん、し……」

と数えることができるので、「可算無限」と呼ばれる。英語ではカウンタブル（countable）、すなわち、カウントできる、という。

それに対して、実数の無限は、「非可算無限」とか「連続濃度」などといわれる。無限の「大きさ」のことを濃度という。連続というのは、実数と同じ。

さて、問題は、無限にたくさん軸のある空間の「無限」が、どちらの無限かということである。可算無限なのか、それとも、非可算無限なのか？

答えをいってしまうと、量子力学の波動関数が住む無限次元の空間は、非可算無限でもいいのだ。それは、つまり、ψ_1軸、ψ_2軸、ψ_3軸、ψ_4軸……ψ_∞軸だけでなく、その間にある、$\psi_{1.382}$軸とか$\psi_{503.9987}$軸など、小数点番目の軸までも考えることに相当する。座標xに依存する波動関数を$\psi(x)$と書くことができるが、$\psi_{1.382}$軸というのは、まさに$\psi(1.382)$のことなのである。

これは、かなりショッキングな話なのです。なぜなら、われわれの頭の中にある「関数」は、x軸とy軸からなる空間があって、その中に$y=f(x)$とか$g(x)$という曲線があるのがふつうだから。

だが、今度は、その関数$f(x)$や$g(x)$を「軸」と考えて、関数そのものが新たなる空間をつくってしまうのである。こういうのを「関数空間」という。

これは「思考の飛翔」である。

人類は長い進化の過程で、何度か、驚くべき「飛翔」を経験した。言葉の獲得が、その第一歩だったにちがいない。それから、「ゼロの発見」というのも劇的な飛翔だろう。さらには、「アインシュタインの相対性理論」も新たなる高みへと人類を導いた。そして、この非可算無限個の軸のある空間が基礎にある量子力学も、大いなる飛翔だといえる。

量子力学は現代物理学の基礎理論の一つである。それは、無限次元の空間に波動関数が存在することを教えてくれる。その量子力学的世界の近似としてニュートン力学の世界があらわれて、われわれは、それを見て、

「俺たちは3次元空間に住んでいる」

などというのだ。

無限次元の抽象的なヒルベルト空間の軸である波動関数$\psi(x)$のほうが現実なのであって、目の前の世界のほうが仮想だというのは、そういう意味なのです。（残念ながら、数学を使わないと、ここら辺の本当の説明はできない。興味ある読者は、『ゼロから学ぶ量子力学』講談社サイエンティフィクより２００１年4月刊行予定をご覧ください）

般若心経に「色即是空」という言葉がある。考えようによっては、現前の物質世界がすなわち幻想だという意味で、「色即是空」というのは、量子力学的世界観を言い表しているのかもしれない。

§量子場と生成・消滅

さて、量子の大まかなイメージを摑んでいただいたところで、今度は、量子の「場」の話に進む。

もし諸君が東京や大阪などの大都会におられるならば、私は諸君を新聞社の前に案内しよう。そこのビルディングの上に電光ニュースという仕掛けがある。それは大きな板の上一面に、沢山の電球をギッシリと取付けた仕掛である。その上をニュースの文字が電灯の点滅によって右から左に流れていく。

（朝永振一郎『素粒子は粒子であるか』四節）

朝永振一郎博士は、名文家で知られるが、このような身近な比喩で高度な概念を説明するのが実に巧みだ。今ならば、電光ニュースというかわりに新宿アルタや東京ドームの「オーロラ・ビジョン」とでもいうべきだろうが。

図18をご覧いただきたい。これも『素粒子は粒子であるか』に出ているものだが、光の点がAとBからはじまって、途中Cでぶつかって、DとEで終わる。このとき、Aからはじまった光の点滅は、Dにいったのか、あるいはEにいったのか？　Bからはじまった光の点滅は、Dにいっ

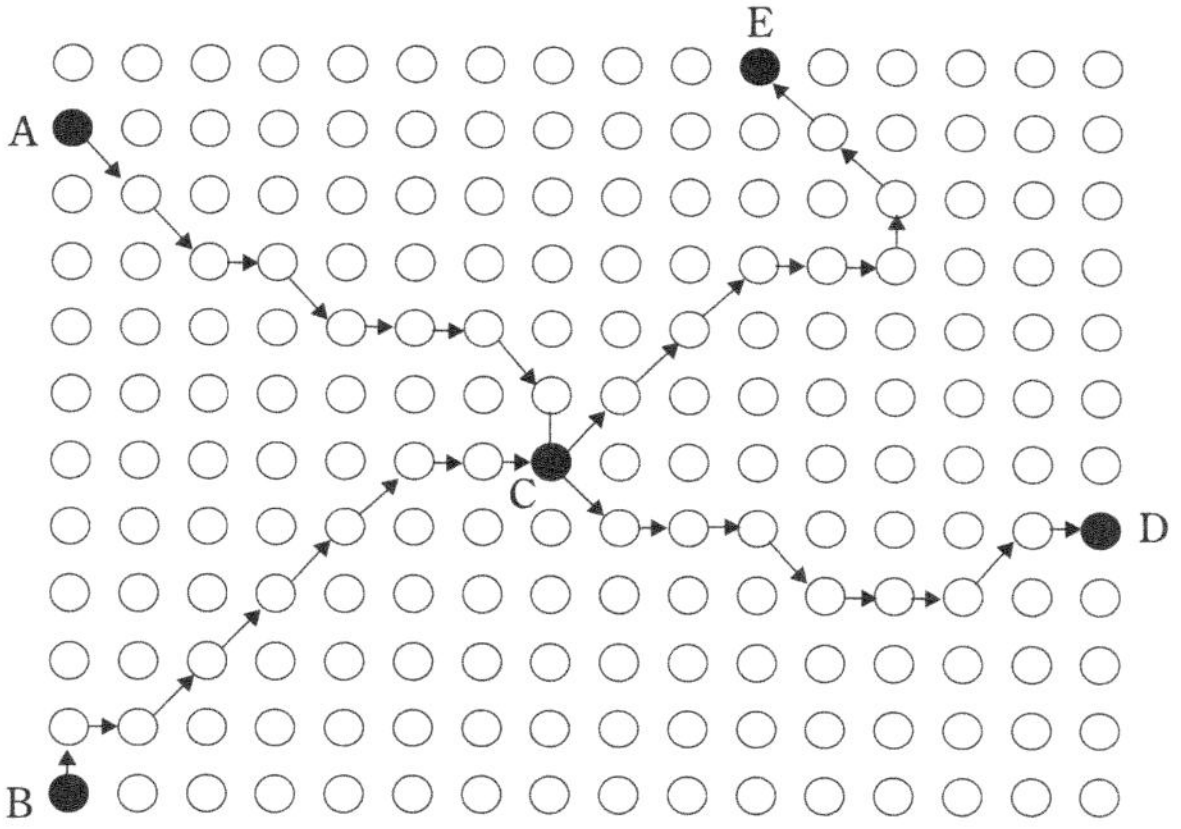

図18　電光掲示板の図
朝永振一郎『素粒子は粒子であるか』より

たのか、あるいはＥにいったのか？　このような問いは、子供に聞いても、答えは明らかだろう。そう、問いそのものが意味をなさないのである。電灯かＬＥＤ（発光ダイオード）素子か知らないが、動いている光の点は、実体として存在するわけではない。パターンが動いているだけなのだから、ぶつかる前と後で、どっちがどっちに行ったのかなどと訊いても無駄である。

　ふたたび朝永博士からの引用。

> 　光子のように自己同一性がない粒子というものは、この電光ニュースの光点のようなものだと考えれば、その意味において決して存在し得ないものでないということが、これで明らかになった。素粒子というのは正にこう

いうものなのである。それは粒子であるといっても、電光ニュースの上の光の点のような意味のものである。実際現在の素粒子の理論では、素粒子をこういうものとして取り扱う。

素粒子論において、電光板の役目をするものは、いわゆる場である。素粒子とは電光ニュースの上に現れる光点のように場に起こる状態の変化として現れるものである。この状態の変化を支配する法則は場の方程式といわれる数学の形で表される。空間の中には色々な場が存在していて、その各々の場にはそれぞれ異なった素粒子が現れる。電磁場の現れとしては光子が、ディラック場の現れとしては電子が、さらに湯川場の現れとしては中間子が現れるのである。

(『素粒子は粒子であるか』四節)

これが、前々節で残しておいた、

4　自己同一性を持たない「粒子」はあり得ないものではない

ということの朝永博士による説明だ。

古典的な電磁場では、場の現れは「電磁波」であった。これは純粋な波であり、波長に応じて、赤外線とか可視光とかX線などと呼ぶのであった。ところが、電磁場を量子力学的にあつかうと、電磁場の現れは「光子」になる。場と量子力学をミックスすると、波から粒子の性質が出てくるわけである。

電磁場の量子化の利点は、まさに電光板の上で点滅する光点のごとく、たくさんの光子が生まれたり消えたりする状況を扱えることだ。それを光子の生成と消滅と呼ぶ。

アインシュタインの光量子仮説によって、光も「量子」であると考えられていたが、それを完璧な形で理論にしたのが、電磁場の量子化なのである。

電磁場の量子化→電磁波が「光子」となり生成・消滅が記述できる

さて、電磁場とちがって、古典的な電子は、粒子である。それを量子化すると、粒子性のほかに波動性が出てくる。だから、それで話はおわりのような気がする。だが、朝永博士の文章を読むと、

「ディラック場の現れとしては電子が、さらに湯川場の現れとしては中間子が現れる」

と書いてある。ディラック方程式というのは電子を量子力学であつかうときの方程式なのだが、それが、「場」だというのである。

いったい、どうなっているのか。

実は、これは電磁場の量子化の「真似」なのである。電磁場を量子化したら、うまくいった。だから、電子も「場」と考えて量子化すればいい。そう考えたのである。

だが、ちょっと変だ。

もともと粒子であって「場」でないものを、いったい、どうやって「場」と考えるのだろう？ ディラック方程式は「場」ではない。そこには電子の状態をあらわす波動関数ψが登場するのだった。ψは時間と座標の関数である。

電磁場を量子化したらうまくいったので、物理学者たちは、ディラック方程式に登場する波動関数ψを（無理矢理！）「場」だと考えて、その場を量子化してみた。すると、驚いたことに、電磁場の量子化と同じように、たくさんの電子をあつかうことが可能になり、おまけに電子の生成・消滅も記述できたのである。

話がややこしい。

ようするに、

古典的なマックスウェルの方程式に出てくる電場Eや磁場Bを量子化＝電磁場の量子化

というのを真似て、

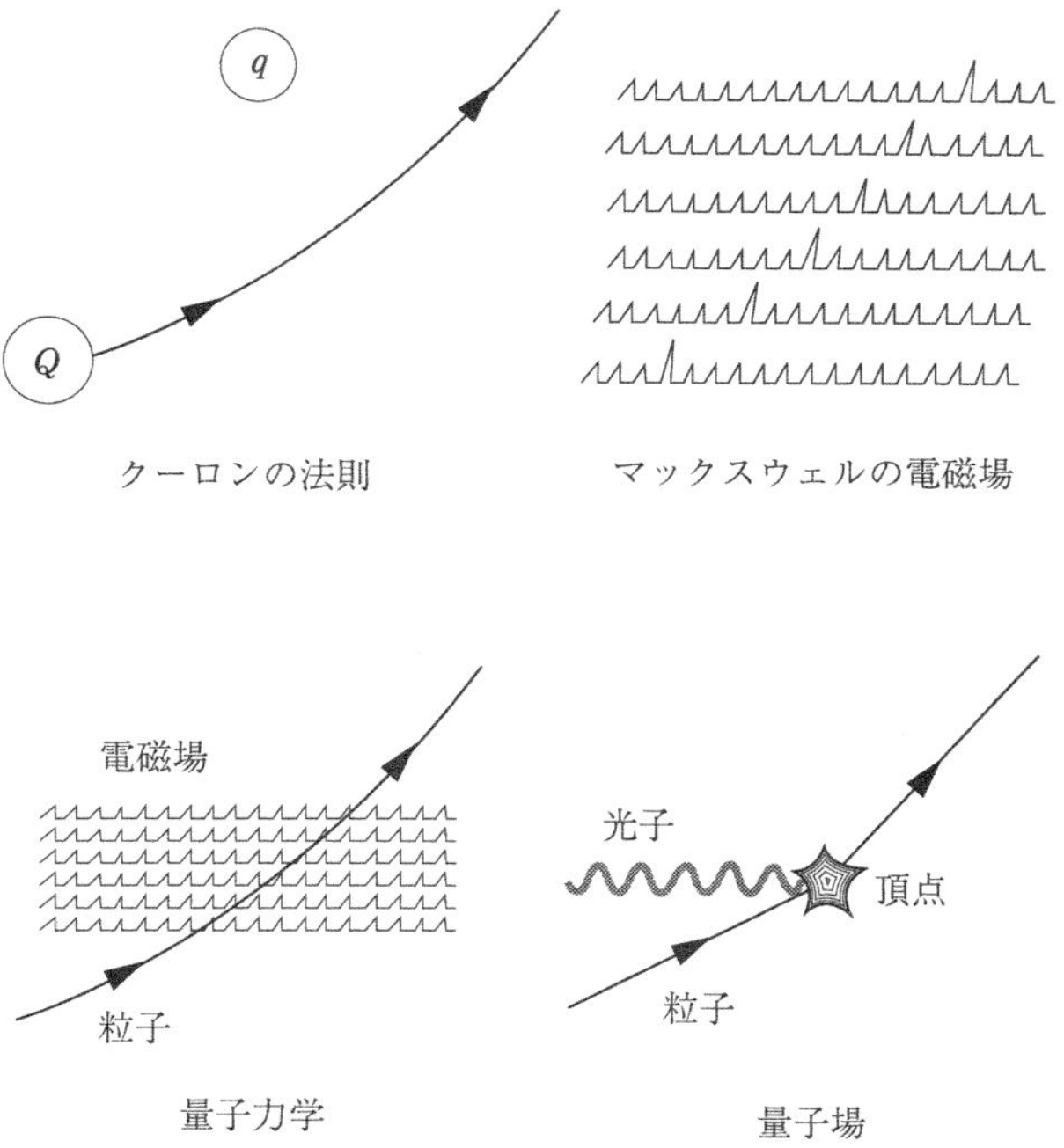

図19　遠隔作用・近接作用・量子力学・量子場
『The Force of Symmetry』V. Icke (Cambridge) より, 一部改変

量子的なディラック方程式に出てくる波動関数ψを量子化＝
電子場の量子化

したわけ。

うーむ、ということは、もともと量子力学的であった波動関数を、もう一度、量子化したというのか？　答えはイエスである。だから、電子場の量子化というのは、量子化を二度やっていると

いう意味で「第二量子化」と呼ばれているのだ。

つまり、もともと「場」であった電磁場の場合は、その場を量子化したら、「光子」という粒子性が出現した。それに対して、もともと「量子」であった電子をさらに重ねて量子化したら、「場」の性質が出てきたというわけ。

クーロンの法則とマックスウェルの電磁場と量子力学と量子場の違いを図にまとめると、こんなふうになる（図19）。

電磁力の遠隔作用説＝クーロンの法則など

↓

電磁力の近接作用説＝ファラデーの磁力線やマックスウェル方程式

↓

（量子力学と電磁場）

↓

電磁力の量子化＝量子電気力学・量子場の理論

前章の復習になるが、途中に何もない虚空があって、遠隔地にいきなり力が伝わってしまうのが、クーロンの法則だった。途中がどうなっているかは問わない。魔法のような力である。悪くいえばオカルト的。

ファラデーやマックスウェルの考え方は、それとは対照的に、力が徐々に伝わってゆくというもので、近接作用。この「場の理論」が登場して人々は安心した。

さて、その後、１９００年から１９３０年くらいにかけて、量子力学が誕生した。シュレディンガー方程式が有名である。だが、しばらくのあいだは、電子は量子化されても、電磁場は量子化されなかった。つまり、電子は量子力学的にあつかうが、それは古典的な電磁場のポテンシャルの中にあると考えたのである。一種の近似である。電子は量子論で、電磁場は古典論で。折衷案といってもいい。

だが、最終的に電磁場も量子化されて光子になった。ポテンシャルとしてあつかわれていた電磁場は、量子化によって光子（フォトン）という粒子になったのである。それを真似て、物理学者たちは、電子を第二量子化した。光子も電子も量子化された無数の無限小のバネ、つまり生成・消滅のある「量子場」になった。そして、図に描いたような描像が定着した。

最後の図では、あたかもビリヤードの玉がぶつかるかのごとく、電子が光子と衝突している。

「電子の軌道が電磁場の影響を受けて曲がる」

という古典的な描像は、

「電子が光子にぶつかられて軌道が曲がる」

という量子論的な描像にとってかわられたのである。二つの電子軌道が光子のキャッチボールをしているのだと考えてもらってもいい。

ここで、注意してもらいたいことがある。最初のクーロンの法則と最後の量子場の図が、とても似ていることだ。キャッチボールされている光子がなかったら、これは、ほとんど同じ考えだといっていい。もちろん、量子は古典的な粒子とは異なる。でも、こうやってアイディアの変遷を理論的に振り返ってみると、古いアイディアが新しい着物を羽織って復活したのだと見えなくもない。

さて、「生成」と「消滅」というのは、量子場に特有の現象だと考えてもらっていい。だが、量子場の理論計算は難しい。そこで、次節のファインマン図の登場とあいなる。

ファインマンは、面倒くさい量子場の理論をまとめて、カンタンな計算規則におきかえることに成功した。その計算に使う図のことをファインマン図と呼ぶ。

もちろん、カンタンといっても、かなりの数式をいじることになるので、この本では計算そのものはご紹介できないが、その代わり、さまざまなファインマン図を観賞してもらって、素粒子の生成・消滅と場の量子論の雰囲気を味わってもらうことにしたい。

ダイアローグ

キャッチボール

玲子「ねえ、ねえ、キャッチボールをすると、ずしっと力を受けるわよねえ」

竹内「ああ、そうだね」

玲子「それって、斥力じゃない」

竹内「うん？」

玲子「二艘の小舟に乗って、バスケットボールのパスの練習をしたら、ボールを投げても受けても、船が後ろ向きに進むわよ」

竹内「おいおい、そんなことやってみたのかい？」

玲子「えへへ、思考実験よ」

竹内「やれやれ、急に物理づいたな」

玲子「そこで質問」

竹内「くると思ったよ」

玲子「プラスどうし、あるいは、マイナスどうしの場合、光子のキャッチボールで斥力がはたらくのは理解できるけど、電荷の符号がちがう場合はどうやって説明するのよ」

竹内「そうだね、光子がブーメランみたいになっていると考えればいいじゃないか」

玲子「ブーメラン？」

竹内「そうだよ。船の上で互いに背を向けあって、ブーメランを投げる。すると、船は離れずに近づくだろう。想像してごらんよ」
玲子「…………」

§ファインマン図の使い方

大学院で素粒子論を専攻すると、まず最初に、ファインマン図をつかった計算方法を叩き込まれる。これは、一種の頭の体操のようなもの。

余談になるが、僕は、大学に入ったときは法学部進学課程というところだったので、いまだに大学時代の友人たちは、役所や銀行に勤めている奴が多い。僕のクラスは50人くらいだったと思うが、法学部に行かずに「出てしまった」のは僕だけだった。

たまに、学生時代の友人に会うと、僕だけ時間が止まってしまっていることに気がついて愕然とする。

当たり前の話だが、みんな、ちゃんと会社に就職して、ちゃんと結婚して、ちゃんと子供を育てており、一人前のおじさんになっているからだ。僕だけ、発想も行動パターンも学生時代のままなので、

「今日は久しぶりに徹夜で飲み明かすかぁ」

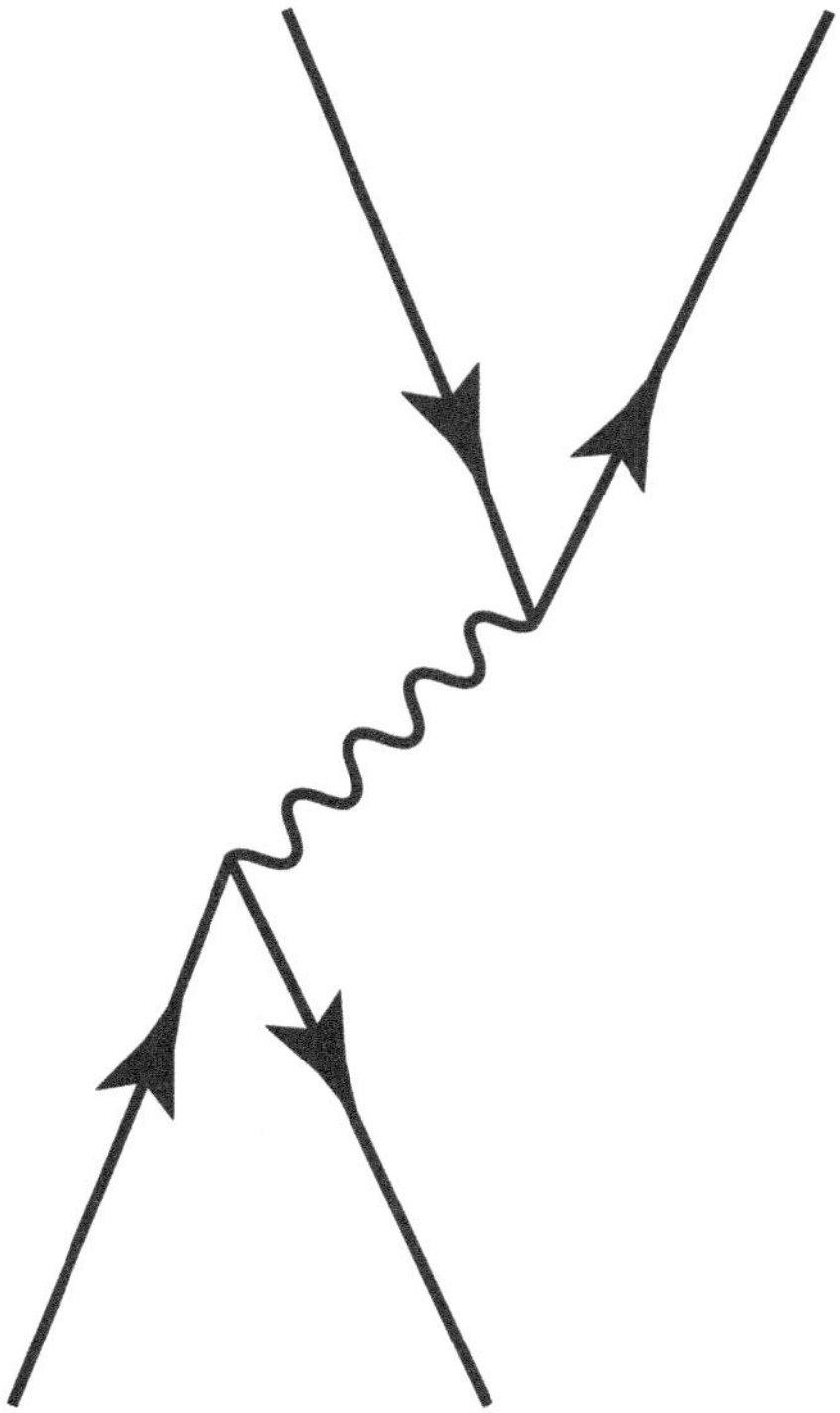

図20　ファインマン図の例

などとはしゃいでいるが、友人たちは、終電が近くなると、

「すまんな、明日があるんでな」

などと言い訳をしながら、一人、二人と、帰ってゆく。

そんなとき、

「ああ、僕だけタイムスリップして時の流れに取り残されてしまったんだ」

などと淋しい思いをするわけ。

あ、全然、関係ないですね。

ファインマン図に話を移そう。

この本では計算はやらない。でも、あとでくりこみの話をするときに必要になるので、ファインマン図の読み方を伝授しておきたいのだ。『The force of symmetry』Vincent Icke（Cambridge）という本をパラパラとめくっていたら、ちょっと面白い方法が載っていたので、ご紹介しよう。

非常に単純なファインマン図の例（図20）をあげてみる。これは、「時空図」の一種で、時間と空間で何が起こっているかを描いているのだ。最初の図は、電子と陽電子がぶつかって、仮想光子になって、ふたたび電子と陽電子になる過程である。

え？　わかりにくい？　チンプンカンプンだ？

作り方

・この大きさで小窓が3つあいたものを作ってください
・めんどうなら，このページを切り抜いてお使いください

使い方

・このスキャナーを各ページの時空図にかぶせて，下から上へずらしていきます
・左の小窓が「時間」を表示します
　真ん中の細長い小窓が「時空の窓」で，今，目の前に見える光景になります
　右の大きな窓には，その光景の説明

図21　ファインマン式スキャナー

うーむ、世の中にはふつうの地図も読めない人がいるというのに、こんなヘンテコな図を理解してもらおうというのがまちがっているのかもしれない。

ふつうの地図というのは、東西方向と南北方向が二つの空間方向をあらわしているのだから、空間図と呼ぶことができるだろう。それに対して、ここに描いたグラフは、空間方向は一つ（x軸）で、もう一つは時間方向（t軸）になっている。時間と空間における「位置」と動きを示しているわけなので、時空図と呼ぶならわしになっている。

さて、読める人はいいが、読めない人はどうしたらいい？

車の助手席でナビゲーターをやっていて道に迷ってしまったら、運転している人が、

「けっ、おまえのせいで迷っちまったじゃねえか。地図、読めねえのか？」

と怒るのだろうが、時空図の場合は、おそらく、

「おい、時空図くらい、読めねえのか？　俺はアーサー王の時代のイングランドといったはずだ。ここは、恐竜が走り回っているじゃないか！」

というようにタイムマシンが時空で迷うことになるのだろう。

それでは困るので、ちょっと工夫してみよう。

ボール紙でもふつうの紙でもいいので、「ファインマン式スキャナー」の設計図（図21）にしたがって、真ん中に細い孔（スリット）のあいた紙を用意してください。めんどうくさい方は、

このまま切り抜いて使ってください。

え？　どこかに売っていないのか？　やだなぁ、これくらい、自分で工作してくだされ。理論物理の勉強なので、難しい配線やハンダづけは必要ないが、紙を切り抜くくらいお願いしますよ。

どうでしょう。作っていただけましたか？

ちゃんとできたら、実際に、スキャナーを使ってみましょう。時空図（図22）のいちばん下に破線のワクで示した「スキャナー開始位置」に当ててみて下さい。どうでしょう？　細い孔から何が見えますか？　そう、右と左に二つの点が見えるはず。これは、「今」、あなたの目の前で起こっている素粒子の反応というか状態なのです。左の点は「電子」で、右の点が「陽電子」。

時間を示す小窓には、「0」と出ていますね？　そして、解説用の小窓には、

「電子と陽電子がある」

と見えますか？

いいですね？

次は、スキャナーを少し上にずらしましょう。時間の小窓が「1」になったら停めます。今度は、電子と陽電子が少し近づきました。

くだらないと思われるかもしれませんが、4次元時空に住んでいるわれわれが、「今」の3次

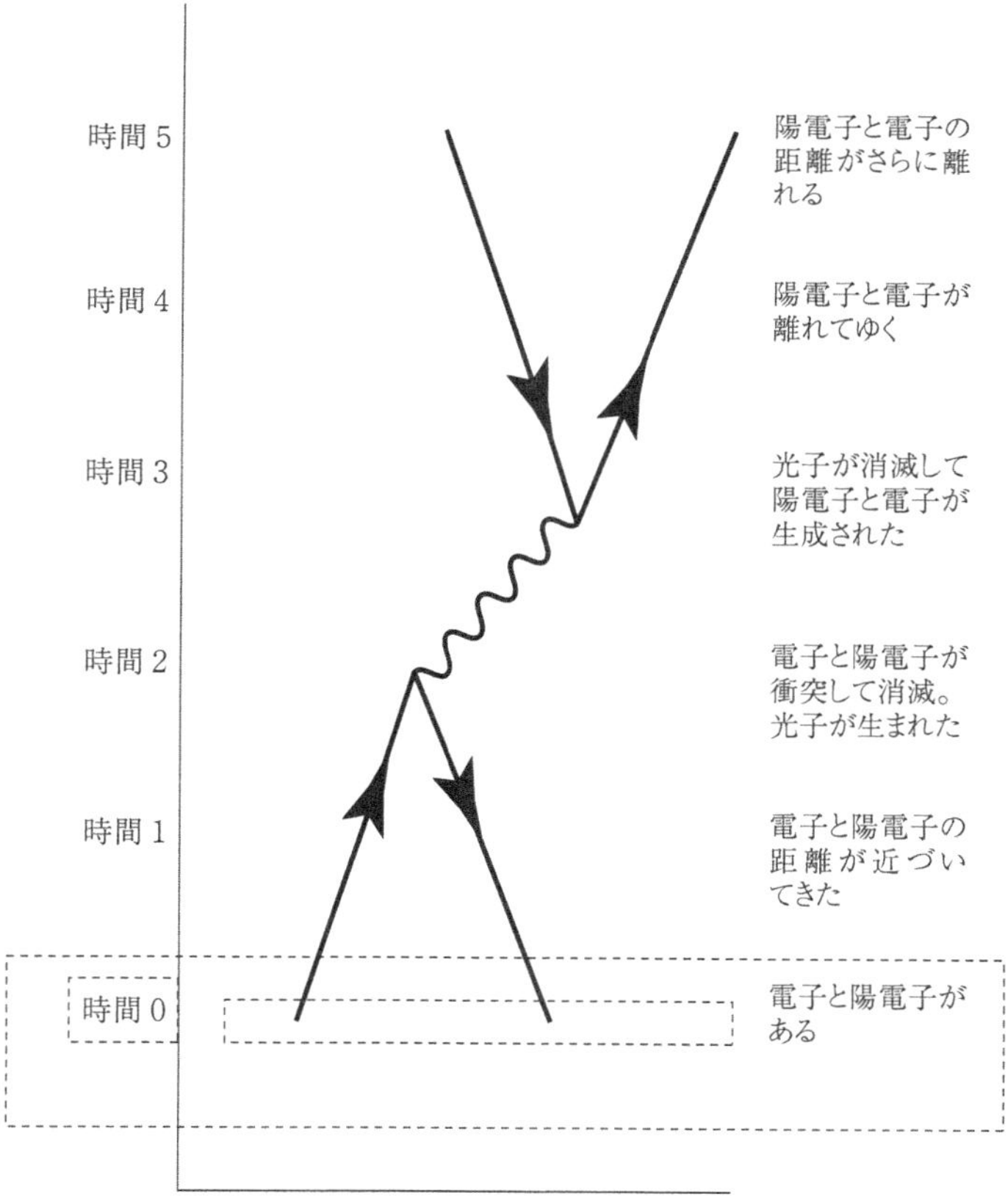
時間5
陽電子と電子の距離がさらに離れる
時間4
陽電子と電子が離れてゆく
時間3
光子が消滅して陽電子と電子が生成された
時間2
電子と陽電子が衝突して消滅。光子が生まれた
時間1
電子と陽電子の距離が近づいてきた
時間0
電子と陽電子がある

図22　電子と陽電子の相互作用1

元空間しか見えないのと同じで、ファインマン式スキャナーの細長いスリットは、時空図の「今」の状態だけを切り出しているわけ。

時空図は、便宜上、空間が3次元ではなくx方向の1次元だけが描いてあるが、それは、地図に出てくる山や谷が凸凹になっていないのと同じで、y方向やz方向を省略してあるだけ。

時空図の時間方向は、下が過去で上が未来になっている。時空図を見ているかぎり、x方向もt方向も拡がっていますね。だが、現実の世界の住人であるわれわれは、不思議なことに、x方向の拡がりしか目で見ることができない。t方向の拡がりは見ることができない。過去も未来も見ることができない。「今」しか見えない。その「今」こそが、ファインマン式スキャナーの細い窓から見える世界なのだ。

時空図と現実の世界のちがいはある。

時空図では、ファインマン式スキャナーを使うかぎり、一度に見ることができるのは「今」だけだが、下にずらせば「過去」も見ることができるし、上にずらせば「未来」も見ることが可能だ。

それに対して、現実の世界では、「今」以外は見ることができないし、有無を言わさず未来へと流されていってしまう。時の流れを停めることはできない。

そうやって考えると、時空図の上を自由に滑るファインマン式スキャナーは、一種の理論的な

「タイムマシン」なのである！

時空図は、時空の地図なのであり、その地図上の好きな時間に飛ぶことができる。

だが、ここで、ちょっと、ファインマン式スキャナーをはずして、時空図そのものを眺めてみよう。すると、目の前には、「今」だけではなく、過去から未来へと時の流れが一気に飛び込んでくる。これは、ちょうど、空高く舞い上がった鳥が見る「鳥瞰図《ちょうかんず》」と同じなのだ。ただ、鳥は眼下に広がる地形を俯瞰《ふかん》するのに対して、時空図の場合は、地形だけでなく時形までも俯瞰することができる。

「時の鳥瞰図」は、過去から未来までを一望のもとに見渡すことであり、ある意味で神の視点に近いのだ。

それに対して、ファインマン式スキャナーをかぶせて、過去と未来を隠して、「今」だけを見ることは、タイムマシンに乗った人間の視点なのだ。そして、現実の人間であるわれわれは、そのタイムマシンすら持っていないので、「今」が時の流れに沿って未来へと流れてゆくのを傍観者のように見ているだけなのだともいえる。なんて非力な僕たち……。

§素粒子の踊り子

ファインマン式スキャナーを用いて、さまざまな素粒子反応を見てみよう。

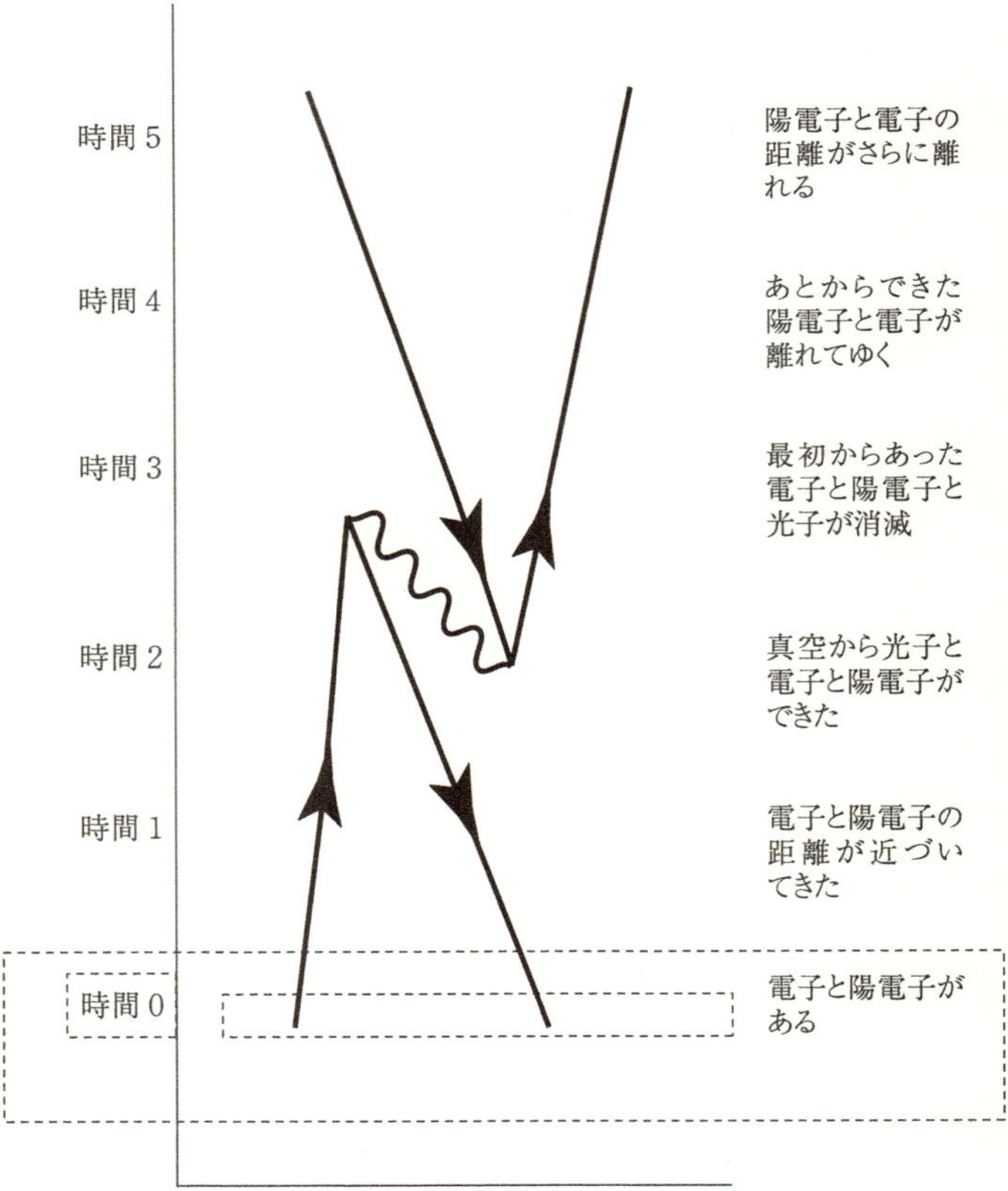
時間 5
陽電子と電子の距離がさらに離れる
時間 4
あとからできた陽電子と電子が離れてゆく
時間 3
最初からあった電子と陽電子と光子が消滅
時間 2
真空から光子と電子と陽電子ができた
時間 1
電子と陽電子の距離が近づいてきた
時間 0
電子と陽電子がある

図23　電子と陽電子の相互作用 2

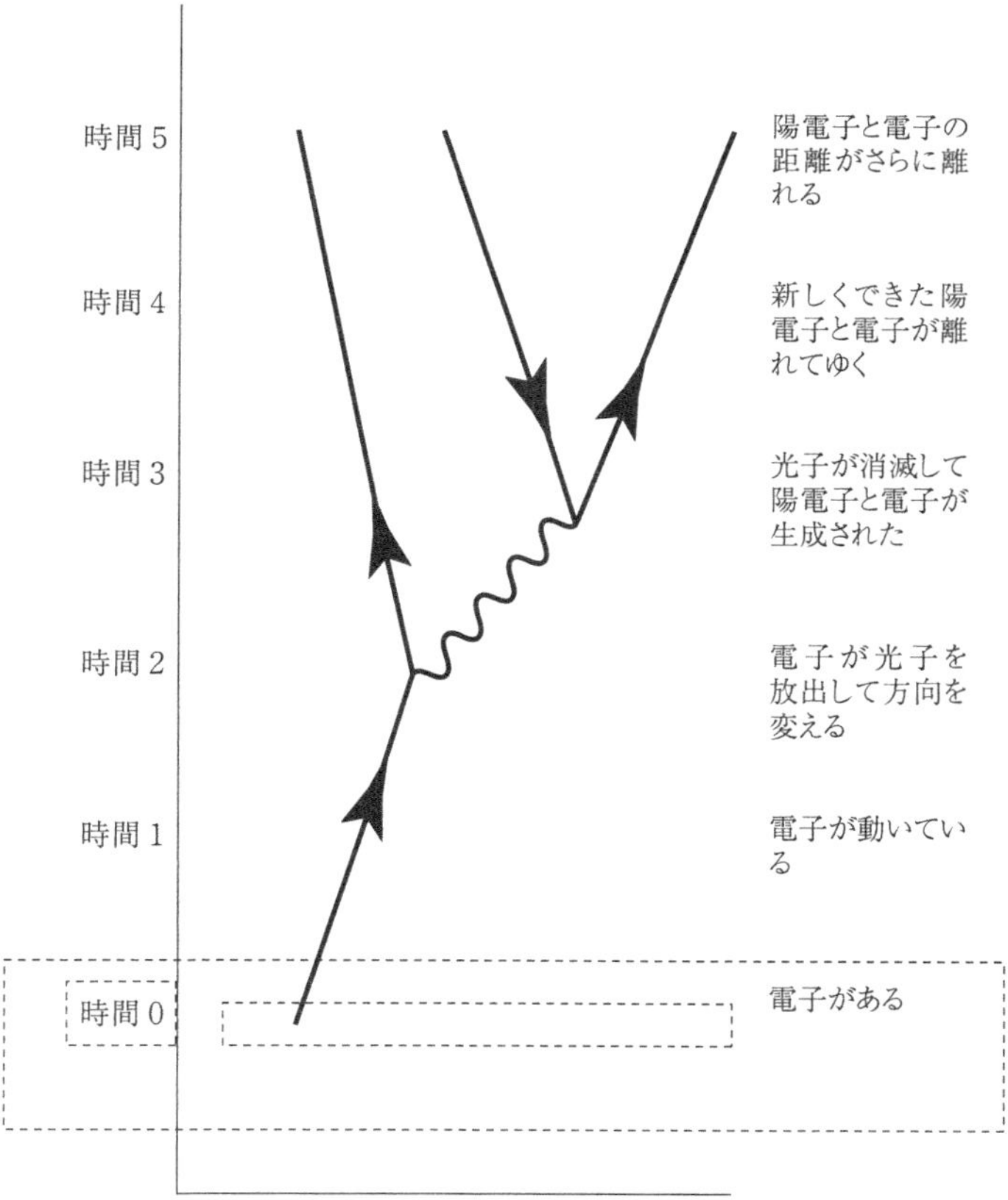
時間 5
陽電子と電子の距離がさらに離れる
時間 4
新しくできた陽電子と電子が離れてゆく
時間 3
光子が消滅して陽電子と電子が生成された
時間 2
電子が光子を放出して方向を変える
時間 1
電子が動いている
時間 0
電子がある

図24　電子と陽電子の相互作用3

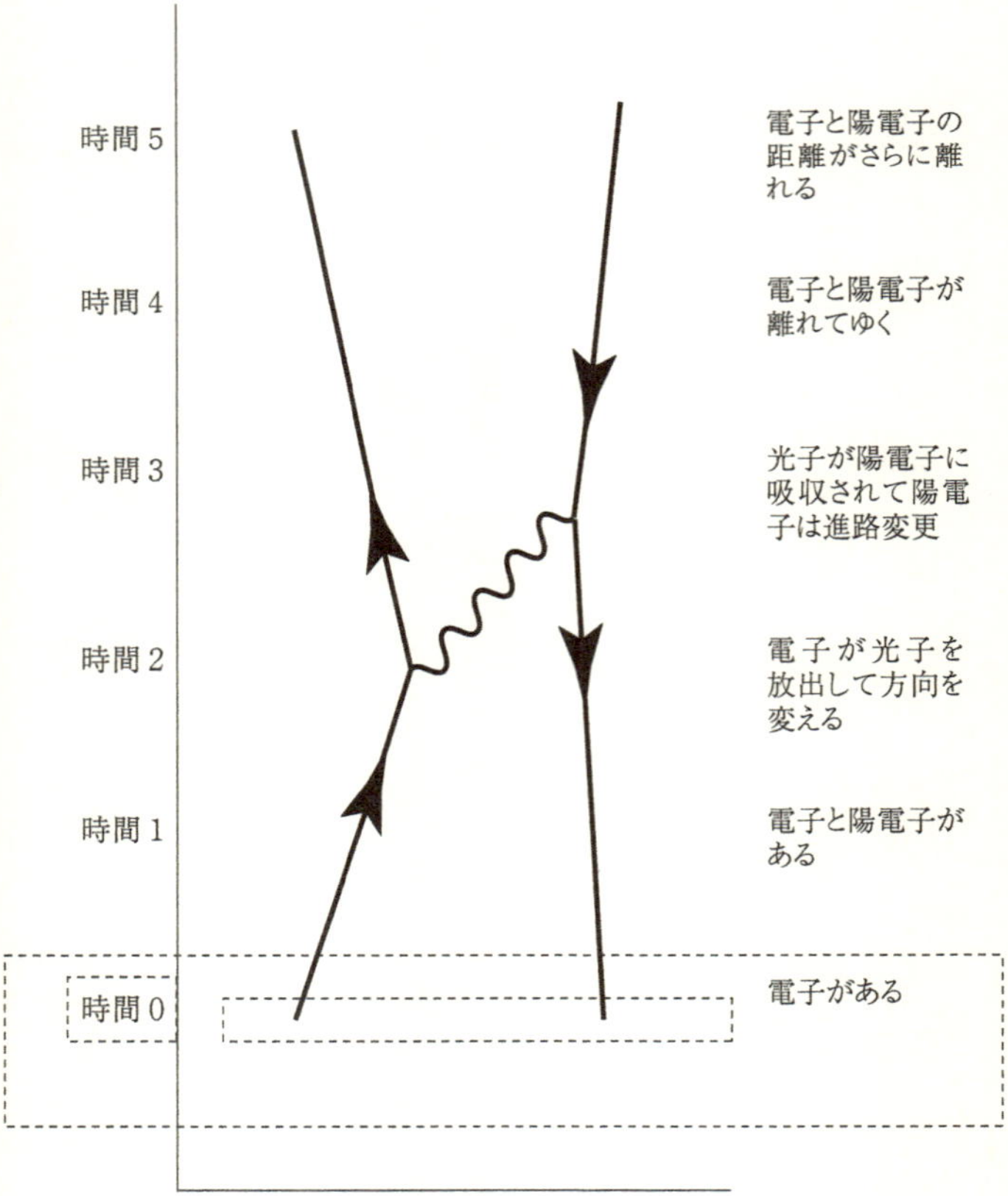
時間 5
電子と陽電子の
距離がさらに離
れる
時間 4
電子と陽電子が
離れてゆく
時間 3
光子が陽電子に
吸収されて陽電
子は進路変更
時間 2
電子が光子を
放出して方向を
変える
時間 1
電子と陽電子が
ある
時間 0
電子がある

図25　電子と陽電子の相互作用 4

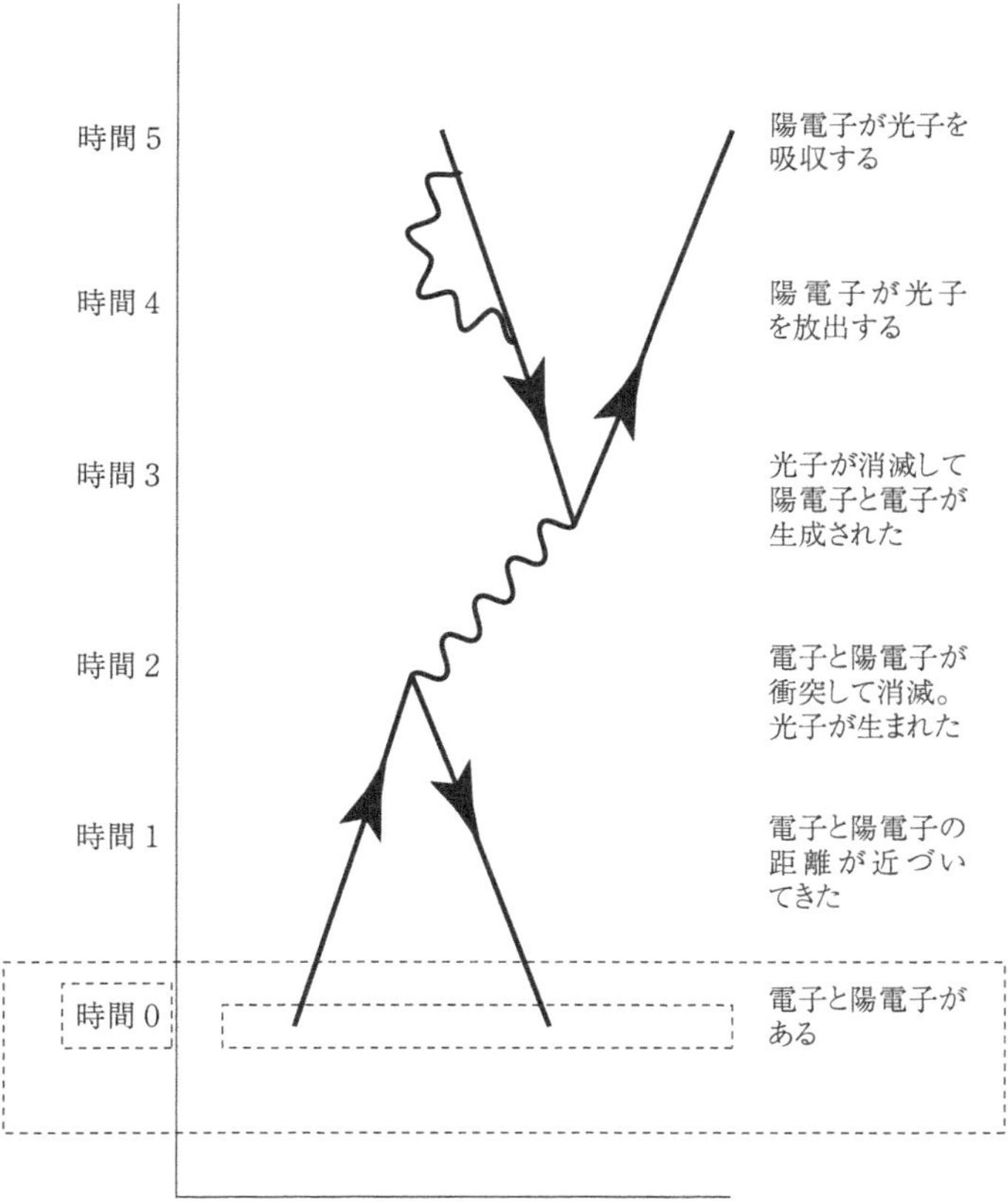
時間 5
陽電子が光子を吸収する
時間 4
陽電子が光子を放出する
時間 3
光子が消滅して陽電子と電子が生成された
時間 2
電子と陽電子が衝突して消滅。光子が生まれた
時間 1
電子と陽電子の距離が近づいてきた
時間 0
電子と陽電子がある

図26　電子と陽電子の相互作用 5

素粒子反応というのは、素粒子が生成と消滅をくり返して、世界が変わってゆく過程である。

それは、時空を舞台に素粒子の踊り子たちが華麗な舞を披露している観がある。

たくさんの図（図23〜26）があるが、一つひとつ、じっくりと観賞してみてください。

§銀河鉄道も4次元の旅

（4次元）時空の世界を小窓から見るファインマン式スキャナーは、一種のタイムマシンであり、神の視点を人間の視点におきかえる道具でもある。

でも、この話、どこかで聞いた覚えがあるよ。

どこだっけ？

そう、僕の好きな宮沢賢治の『銀河鉄道の夜』と同じではないか！

などと、わざとらしく振っているが、はじめから『銀河鉄道の夜』については書くつもりだった。といっても、文学談義ではない。ファインマン式スキャナーとカムパネルラの持っている不思議な地図との類似性についてである。

まず、『銀河鉄道の夜』をお読みになったことのない方のために、あらすじから。

あらすじ

小学生のジョバンニは病気の母親と二人暮らし。父親は海に漁に出かけたきり戻らない。異国で監獄に入っているという噂もある。父親のいないジョバンニは仲間はずれにされていて、親友のカムパネルラも、ジョバンニと周囲の子供たちのあいだで板挟みになってしまい、最近は、あまり口もきかない。

星祭りの夜、子供たちは烏瓜《からすうり》のあかりを川へ流しにゆく。

ジョバンニは、朝は新聞配達をして、学校帰りには活版所で活字拾いのアルバイトをして家計を支えている。ジョバンニが活版所での仕事を終えて家に戻ると母親のための牛乳が届いていないことを知る。ジョバンニは牧場まで牛乳をもらいにゆくが、留守番をしている女の人に、後で来るようにと言われて、裏の丘に登る。

丘の上には天気輪の柱があって、そこから、幻想四次元の銀河鉄道の旅がはじまる……。

いけませんな。

あらすじというのは、どうしても雰囲気が伝わらない。文学作品というものは、ストーリーだけではないので、なんか、こう、肝心のものが欠けてしまって気持ちが悪い。やはり、実際に読んでいただくのがいちばんだろう。短い作品で、30分もあれば読めますから、まだ、お読みになったことがない方は、この機会に、ぜひ、ご一読あれ。
さて、『銀河鉄道の夜』には、面白い地図が頻繁に登場する。

□冒頭の授業のシーン

「ではみなさんは、そういうふうに川だと云われたり、乳の流れたあとだと云われたりしていたこのぼんやりと白いものがほんとうは何かご承知ですか。」先生は、黒板に吊した大きな黒い星座の図の、上から下へ白くけぶった銀河帯のようなところを指しながら、みんなに問《とい》をかけました。

□時計屋のシーン

ジョバンニは、せわしくいろいろのことを考えながら、さまざまの灯《あかり》や木の枝で、すっかりきれいに飾られた街を通って行きました。時計屋の店には明るくネオン灯がついて、一秒ごとに石でこさえたふくろうの赤い眼が、くるっくるっとうごいたり、いろいろな宝石が海のような色をした厚い硝子《ガラス》の盤に載って星のようにゆっくり循《めぐ》ったり、また向う側から、銅の人馬がゆっくりこっちへまわって来たりするのでした。そのまん中に円い黒い星座早見が青いアスパラガスの葉で飾ってありました。

ジョバンニはわれを忘れて、その星座早見に見入りました。

それはひる学校で見たあの図よりはずうっと小さかったのですがその日と時間に合せて盤をまわすと、そのとき出ているそらがそのまま楕円形のなかにめぐってあらわれるようになって居りやはりそのまん中には上から下へかけて銀河がぼうとけむったような帯になってその下の方ではかすかに爆発して湯気でもあげているように見えるのでした。

□銀河鉄道に乗った直後のシーン

そして、カムパネルラは、円い板のようになった地図を、しきりにぐるぐるまわして見ていました。まったくその中に、白くあらわされた天の川の左の岸に沿って一条の鉄道線路が、南へ南へとたどって行くのでした。そしてその地図の立派なことは、夜のようにまっ黒な盤の上に、十一の停車場や三角標《さんかくひょう》、泉水や森が、青や橙《だいだい》や緑や、うつくしい光でちりばめられてありました。ジョバンニはなんだかその地図をどこかで見たようにおもいました。

「この地図はどこで買ったの。黒曜石でできてるねえ。」

ジョバンニが云いました。

「銀河ステーションで、もらったんだ。君もらわなかったの。」

最初の授業のシーンに出てくるのは四角い星図だと思われるが、時計屋には円い星座早見が飾ってあるし、カムパネルラの持っている黒曜石の地図は、星座早見をモチーフにしたものであることはあきらかだろう。

星座早見は、二重の円盤からできている。星座が描いてある下の円盤の周囲に1年365日の日付が書いてある。小さな小窓のついている上の円盤の周囲には、1日24時間の時刻が書いてある。上の盤をくるくるまわすことによって、日付と時刻をあわせることができる。たとえば、8月12日に23時（午後11時）をあわせると、小窓には、8月12日の23時の星空があらわれる仕掛けになっている。

つまり、小窓から見ている世界は、「今」の星空なのだ。ちょうど、ファインマン式スキャナーで「今」を見ているのと同じわけです。

ジョバンニが持っている緑色の切符は、

「これは三次空間の方からお持ちになったのですか。」車掌がたずねました。

という代物なのだが、乗客のひとりが、

「おや、こいつは大したもんですぜ。こいつはもう、ほんとうの天上へさえ行ける切符だ。天上どこじゃない、どこでも勝手にあるける通行券です。こいつをお持ちになれぁ、なるほど、こんな不完全な幻想第四次の銀河鉄道なんか、どこまでも行ける筈でさあ、あなた方大したもんですね。」

と感心するのである。

「三次空間」とか「幻想第四次」とか、時空図の小窓をのぞく仕組みの星座早見とか、賢治の科学的なイマジネーションには驚くばかりである。

さて、この本は、賢治が主題ではないので、あまり書くことができないが、一つだけ、面白い事実を指摘しておこう。あくまでも竹内薫説なので、眉に唾をぬってから聞いていただきたい。

竹内薫の奇説珍説　銀河鉄道の夜は8月12日深夜から13日未明のことである

僕はエライ肩書をもっていないので、この話、誰も信じてくれない。なかには調べもしないで馬鹿にする人もいる。

だけど、いくつかの状況証拠を挙げておくので、興味ある読者は、ご自分で確かめてみてくだ

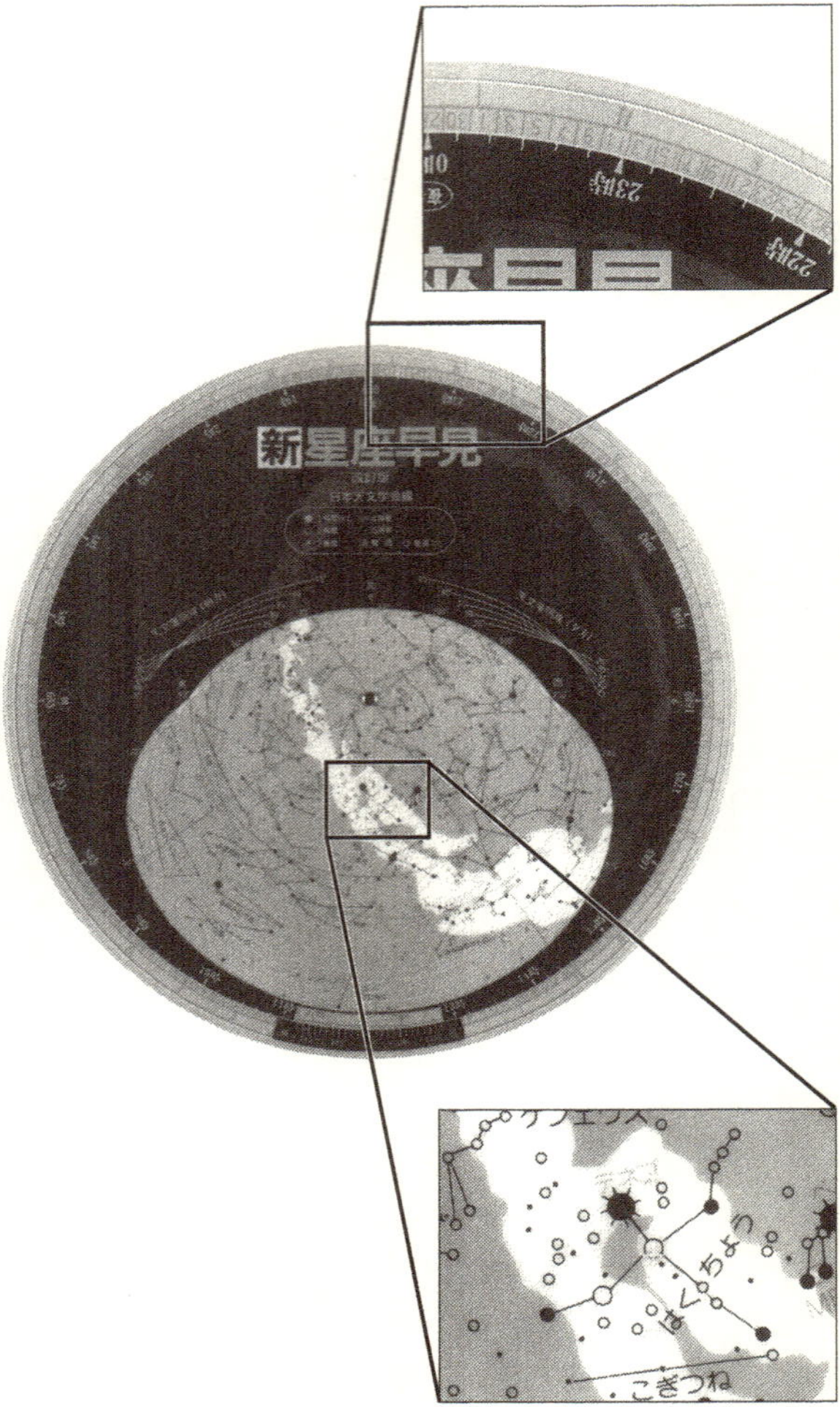

図27

白鳥座が天頂ぴったりにくるのは８月12日の午後11時

さい。文学作品を科学の目で読み解くというのは、結構、面白いものなのです。科学に縁のない文学者には真似のできない芸当なのだ。

状況証拠①

「もうじき白鳥の停車場だねえ。」

「ああ、十一時かっきりには着くんだよ。」

ジョバンニとカムパネルラの会話である。

星座早見のど真ん中（つまり天頂というか、星座がいちばん空高く昇る南中の位置）に白鳥座がくるようにする。盤の周囲の「23時」のところの日付を読むと「8月11日」と「8月13日」のあいだになっている（図27）。

「よろしゅうございます。南十字《サウザンクロス》へ着きますのは、次の第三時ころになります。」

車掌の発言である。

南十字座は日本からは見えないので北天用の星座早見ではだめ。そこで、南天用の星座早見を

真夏の夜の"花"今年も

ペルセウス座流星群 12日深夜にピーク

新月、観測に最適

図28

ペルセウス座の流星群は 8 月13日未明（読売新聞'99年8 月10日付夕刊から）

つかうことにする。南十字座が星座早見のど真ん中にくるようにする。そして、「15時」のところを読むと、やはり、「8月12日」と「8月13日」になっている。（南半球の15時だと星は見えないはずだが、地球の裏側の花巻では午前3時であることに注意）

この二つの日付が一致するのは偶然ではありえない。

状況証拠②

8月12日夜から13日未明にかけてはペルセウス座の大流星群が降り注ぐ壮大な天体ショーの日だ。その流星の起点（全天に向けて流星が飛び出す中心点）は、ペルセウス座の剣の柄《つか》のあたり。星祭りの夜とは、夏の夜、流星が雨のように降り注ぐことではなかろうか

図29　学生（丸尾幸広さん）が描いた絵

（図28）。

僕は、大学の授業で、星座早見を配って、学生に「ジョバンニの見た光景」を追体験してもらうことにしている。最近、学生の数が増えすぎて、星座早見を買うのに、給料一ヵ月分でも足りなくなったので、泣く泣く大学の非常勤を辞めることにした。（むかし、雑誌の『ライフ』が売れすぎて廃刊になったのと同じです）

最後の授業というわけだが、学生が描いてくれた絵をごらんください（図29）。

素晴らしいでしょう。8月12日の午後8時くらいの星空です。

作品にあるように、天の川が南北に流れていて、北の正面には「きりん座」が首をたてている。これって、「天気輪の柱」のことではなかろうか。五輪の塔が丘のてっぺんに立っていて、それと重なるように背景にきりん座が見えたのだと思います。それに、仏教の転法輪がかけてあるのかもしれない。

「銀河ステーション」は、天の川の西の岸が地面と当たるところと考えて、おそらく、きりん座の足元あたり。言い換えるとカシオペア座の隣あたり。さらに言えば、ペルセウス座の剣の柄《つか》のあたり。ここには、美しい双子星があります。ペルセウス座のhとχ《カイ》という二重星団で、むかしは星団ではなく星と思われていた。青白く燐のように光っている。ジョバンニとカムパネルラの双子性を暗示するのにぴったりの双子である。

あ、そういえば、『よだかの星』もカシオペアの隣に昇ったんだっけ。

賢治の話は切りがないので、ここらへんでやめ。

§時をかける電子

さて、ふたたびファインマン図に話を戻す。

ファインマン式スキャナーを使って（あるいは使わないで神の視点から）、さまざまなファインマン図を見てきたが、ここには、きわめて少数の登場人物しかいない。もうお馴染みの顔ぶれだが、もう一度、ご紹介しておこう。

登場人物の紹介

電子

陽電子

光子

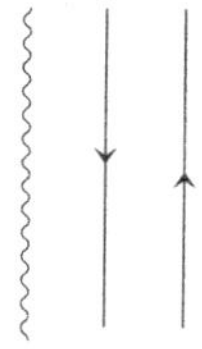

この素粒子のダンスであるが、一つだけ、規則がある。それは、電子と陽電子と光子が手をつなぐ規則である。

登場人物が手をつなぐ規則　電子1個と陽電子1個と光子1個が手をつなぐ

図30は、電子と陽電子がぶつかって、光子になる過程をあらわしている。あるいは、光子が消滅して、電子と陽電子が生成される過程。専門用語では、vertex（バーテックス）という。「頂点」という意味ですね。この頂点は、実は、非常に重要で、電子と光子は、こういう形でしか相互作用しないのである。その意味で、電磁気学を量子（場）化したときの相互作用のすべてが、この一つの図形に集約されているといっても過言ではない。

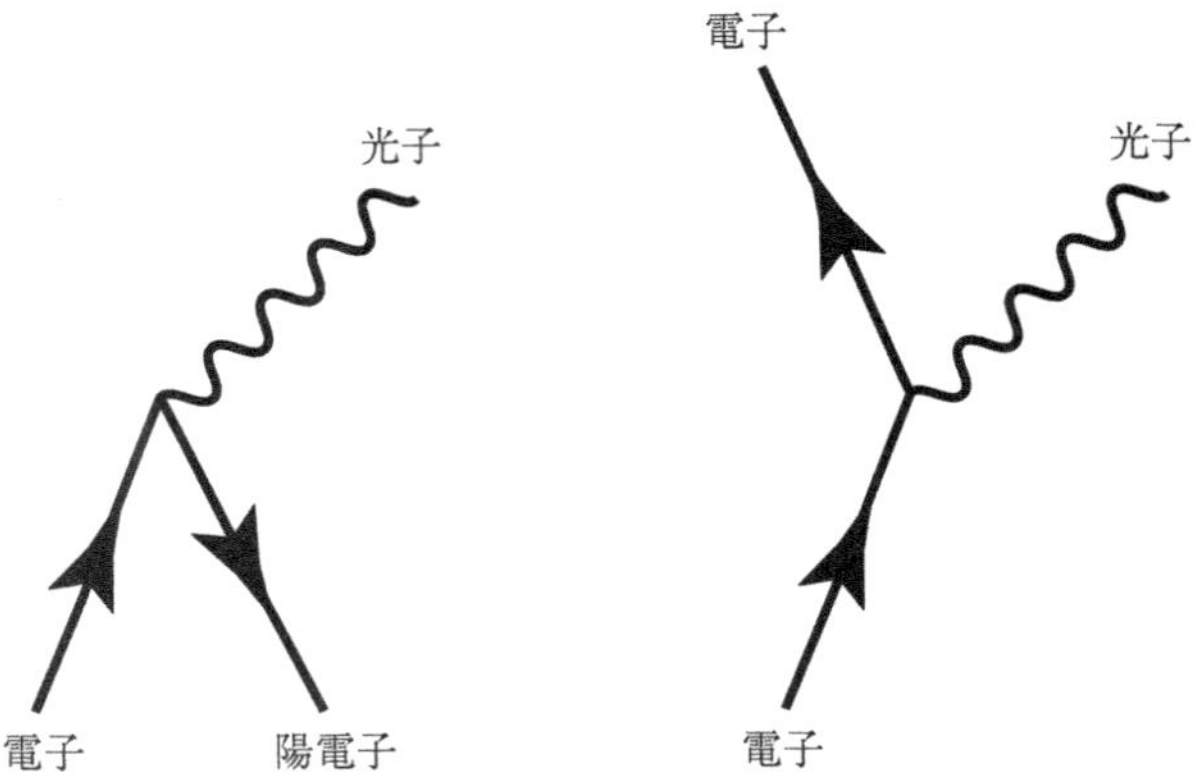

電子と陽電子がぶつかって光子になるのと
電子が途中で光子を放出するのとは、本質
的には同じこと

図30　ファインマン図の「頂点」

もっとも、陽電子というのは今だからこそいえるのであって、１９３０年代には、ちょっとしたパラドックスがあった。

電子を記述する量子力学の方程式は、シュレディンガー方程式ではなく、ディラック方程式と呼ばれるものだ。電子は軽いので光速に近い速さで動くし、スピンと呼ばれる量子力学的な「自転」もしている。そういった性質は、ディラックが発見した方程式でしか正確に記述することができない。

ところが、ディラック方程式には、ふつうの正のエネルギーの電子のほかに、「負のエネルギー」をもつ解が存在したのだ。

エネルギーというのは「正」だと思われる。だから、この負のエネルギーは物理学者の頭痛の種になってしまった。

ところが、ディラックは、この問題を解決する、とても面白いアイディアを思いついた。

この本の冒頭に登場したパウリの有名な業績に「パウリの排他律」というのがある。これは、今の状況にあてはめると、

「二つの電子は同じ状態を占めることはできない」

というもの。

なんだかわかりにくいが、これは席取りゲームのようなものなのだ。席が一つしかないのなら、そこには一人しか座れない。同じ状態をとるとは、その席に座る、というような意味。

そんなこと、当たり前じゃないか、といわれるかもしれないが、量子は幽霊のように重ね合わせることが可能な存在なので、同じ席に二人座る可能性もあるのだ。

電子の場合、同じ席には、同じエネルギーをもつ電子が二つまで座ることができる。電子は自転をしているので、右回りが一人と左回りが一人である。三人目がやってきたら、排他されてしまう。だから、排他律というのだ。

ちなみに、光子の場合は、驚いたことに、二人どころか、何人でも座ることができる。え？　無限に大勢でもいいのか？　それが、いいのです。さっき、箱の中に光子を投げ入れる例で、顔の区別がつかないから確率が$\frac{1}{3}$になるといったけれど、何人でも座れるということは、実は、

顔がないということと同じ。

おっと、脱線しかかった。

ディラックのアイディアというのは、つまるところ、世界は負のエネルギーの電子で満ち満ちているので、負の世界には、もはや、席が残っていない、ということ。

ところが、なんらかの原因で、その負のエネルギーの海に空席ができると、それは、負のエネルギーの電子がない状態なので、いいかえると、正のエネルギーの電子がある状態と解釈することができる。ただし、この電子は、電荷が逆に見えるのだ。

くりかえします。

ディラックは、宇宙全体が負のエネルギーの電子の「海」で満たされていて、その海にある電子がなくなると、海の中に「孔」ができて、その孔が正のエネルギーの陽電子に見える、と考えたのだ。

何度くりかえされても、この説明、よくわからん。

だいたい、どうして、宇宙が負のエネルギーの電子の海になっているのか、理由がわからない。

そこで、ファインマンとシュトゥッケルバーグによる、もっと現代的な解釈をご紹介しよう。

ふたりは、次のように考えた。

負のエネルギーと負の電荷をもった電子が時間を逆行する

$\Leftrightarrow$

正のエネルギーと正の電荷をもった陽電子が時間を順行する

どうしてこうなるのか？

このアイディアを理解するために、まず、電流を考えてみよう。

電流というのは、電荷（$-e$）をもった電子が運動量pで決まる方向に動いている状態だ。だが、われわれが日常生活において使っている電流の流れる方向は、電子が動く方向とは逆なのである。負の電荷を持った電子が運動量ベクトル（$+p$）の方向に流れているのを見て、われわれは、正の電荷を持った「電気」が運動量ベクトル（$-p$）の方向に動いていると考える。

$$(-e)\times(+p)$$

$$\Leftrightarrow$$

$$(+e)\times(-p)$$

実際には、負電荷をもった電子が動いているのに、われわれは、それをちがったふうに解釈して、正電荷が逆方向に動いているのだと言い張るのである。結果は同じなのだから、それでいいのだ。（僕は中学のころ、なんだかインチキだと思いましたけど。無駄というか……。電子の電荷をプラスと定義して、その流れる方向を電流の方向としたほうが素直で自然だと思った）

さて、電子が動いているところを8ミリカメラで撮影しよう。もとい、デジタルビデオカメラで撮影しよう。実際にはできないけれど、一種の思考実験である。撮影ができたら、それを逆回ししてみる。すると、電子の動く方向が逆になる。つまり、運動量pの符号が変わる。あたりまえの話だが、ビデオを逆さに回すというのは、時間を逆行させることにあたる。時間が逆行すると、運動の方向が変わるのである。

負の電荷をもった電子が時間を逆行する

⇔

正の電荷をもった電流が時間を順行する

ということである。

この「電流」のところを「陽電子」と置き換えれば、なんとなく、納得がいくはずだ。ただし、運動量だけでなく、エネルギーまで逆さまになるのは、まだ、納得できないでしょう。

ここで特殊相対性理論の考え方が必要になる。

相対論では、ベクトルは、4次元に拡張される。だから、ニュートン力学におけるベクトルpは、4元ベクトルに拡張しなくてはならない。3次元ベクトルpは、成分であらわすと、x方向、y方向、z方向の三つの成分からなる。たとえば、

$$p=(p_x,\ p_y,\ p_z)=(1,\ 3,\ -5)$$

という具合に。ところが、相対論では、この空間成分にくわえて、時間成分も一緒に考えなくてはならない。それが、3次元ではなく4次元で考えるということの意味。相対論が「4次元の物理学」と称されるゆえんである。

4元ベクトルは、だから、こんな恰好になる。

$$p=(E,\ p_x,\ p_y,\ p_z)=(6,\ 1,\ 3,\ -5)$$

この本は相対論の解説が主眼ではないので、あまり深入りはしないが、ようするに、エネルギ

ーは、4次元の運動量の時間成分なのである。だから、さきほどの、電子と電流の関係と時間反転のアナロジーは、運動量だけでなく、エネルギーにもあてはめることができて、時間反転によって、エネルギーも運動量も符号が変わると考えてもらいたい。

ダイアローグ　特殊相対性理論とマックスウェル

玲子「マックスウェルの方程式の話を蒸し返すようで悪いけど……」

竹内「どうぞ、どうぞ、いくらでも蒸し返してください」

玲子「特殊相対性理論はニュートン力学とは矛盾するがマックスウェルの方程式とは整合的だというような話をきいた覚えがあるんだけど」

竹内「あ、その話ですか」

玲子「数式を使わないで説明してもらえない？」

竹内「うー、苦しいかもしれない」

玲子「直観的な説明でいいのよ」

竹内「じゃあ、直観的に説明してから、数式をちょっと使ってもいいかな」

玲子「だめ」

竹内「じゃあ、数式は付録に入れてもいいかな」

玲子「それなら許してあげる」

竹内「つまり、電場と磁場は、特殊相対性理論に出てくるローレンツ変換によって、tやxと同じように変換されるのだ。ローレンツ変換によって、マックスウェルの方程式は形を変えない。ところが、ニュートン力学に出てくるxやtに、ローレンツ変換を施すと、ニュートンの方程式は形が変わってしまうのだ。ローレンツ変換の物理的な意味は、ちがう速度で動いている目撃者から見た世界への変換ということ。特殊相対性理論は、物理法則が、ちがう速度で動いている目撃者から見ても不変なことを主張している」

玲子「よくわからないけど、ようするに、ローレンツ変換でマックスウェル方程式は同じ恰好のままだけど、ニュートンの方程式は恰好が変わってしまうわけ？」

竹内「そういうこと」

ファインマンとシュトゥッケルバーグは、ディラック方程式に出てくる負のエネルギーの解を「電子が時間に逆行する」と解釈し、さらに、正のエネルギーをもった「陽電子が時間を順行する」と言い換えたのである。

くりかえしますが、われわれが日常生活で、電子を「逆行」させて電流を考えるのと同じこと。

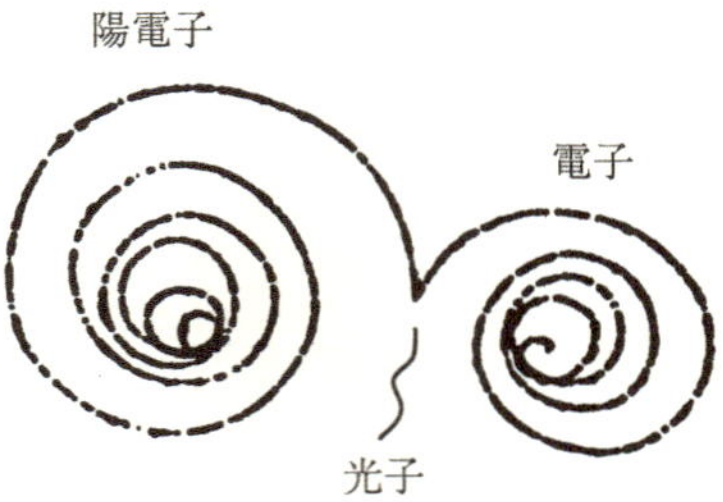

・磁場の中で光子が消滅して電子
と陽電子が生成されるようす
・電子と陽電子は電荷が逆なので
磁場に曲げられる方向も逆
(光子は中性なので本当は見えない)

図31　電子と陽電子の誕生

物理学的な観測装置では、エネルギーは常に正であるし、時間も順行するだけである。だから、この言い換えは、物理学の危機を救うほどの素晴らしい発想の転換なのである。そのかわり、正の電荷をもった陽電子という新種の素粒子が必要になる。

　ちなみに、シュトゥッケルバーグの論文は１９４１年、ファインマンの論文は１９４８年に出ている。

　さて、１９３０年当時、電子の存在は確かめられていたが、反対の電荷をもった陽電子は架空の存在にすぎなかった。だが、ディラックの空孔理論により、ディラック方程式は、陽電子の存在を「予言」しているとみなされるようになった。

　そして、陽電子は、この予言どおり、１９

３２年にアメリカのカール・アンダーソンによって発見され、ディラックは１９３３年に、アンダーソンも１９３６年にノーベル賞をもらったわけである。

図は、陽電子の軌跡を示している。電荷をもった粒子は、磁場の中で曲がる。電子と陽電子は電荷が逆さまなので、逆方向に曲がるわけ。中性の粒子が消滅して、電子と陽電子が生成されて、磁場によって曲げられているのがよくわかる（図31）。

これは有名な逸話なのだが、実は、当時、日本の理化学研究所でも、これと同じような写真が撮影されていた。ということは、アンダーソンの代わりに日本の研究者がノーベル賞をもらう可能性があったのだ。だが、哀しいことに、アンダーソンはディラック方程式による「陽電子」の予言を知っていた。そして、日本の研究者は、当時の最先端の理論であったディラックの理論と陽電子の予言を知らなかったのである（あるいは思いつかなかった？）。だから、同じような写真を撮っていたにもかかわらず、中性粒子が消滅して電子と陽電子が生まれた、とは解釈せずに、電子が何かにぶつかって跳ね返った、と解釈して、自分が大発見をしたことに気づかなかった。

この節の最後に、パーツを使って素粒子のダンスが組み立てられる様子をご覧いただこう（図32）。

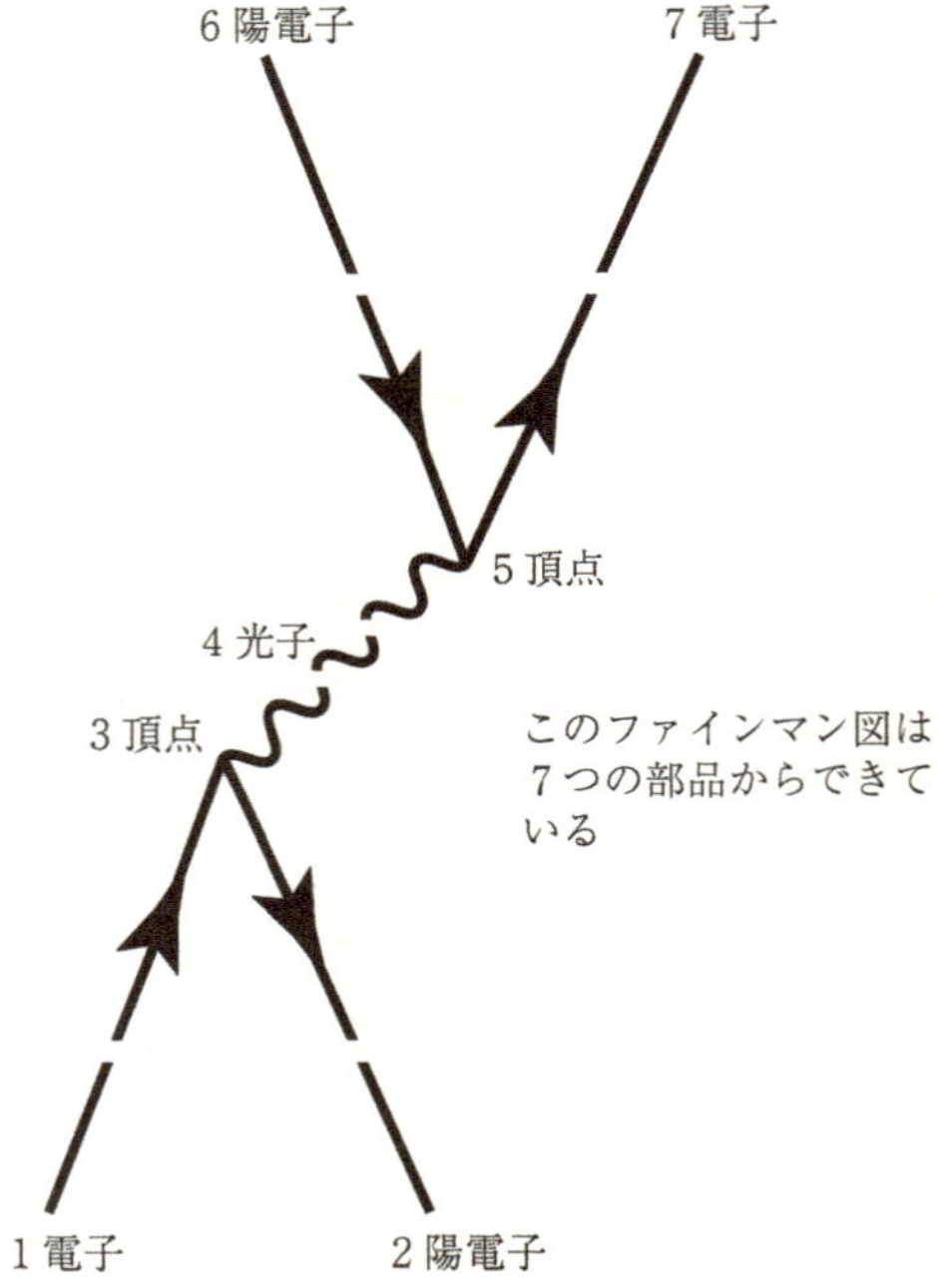

図32　分解図

ファインマン図は3人の登場人物と頂点に分解される

どうでしょう？　すべての素粒子反応は、わずか3人の登場人物たちと一つの規則によってつくることができる。（あとで、もっと増えますけど……）

§『名人伝』

趙《ちょう》の邯鄲《かんたん》の都に住む紀《き》昌《しょう》という男が、天下第一の弓の名人になろうと志を立てた。己の師と頼むべき人物を物色するに、当今弓矢をとっては、名手・飛衛《ひえい》に及ぶ者があろうとは思われぬ。百歩を隔てて柳葉《りゅうよう》を射るに百発百中するという達人だそうである。紀昌は遥々《はるばる》飛衛をたずねてその門に入った。

こんな書き出しではじまる中島敦の『名人伝』は僕の好きな小説の一つ。子供のころ、奇怪で壮大な中国大陸のイメージを縦横に駆使した作品に魅了されたものだ。（ほかには怪盗ルパンとかジュール・ヴェルヌとかサンテグジュペリとか読んでいた）

この『名人伝』の途中で、僕は、驚くべき場面に遭遇した。こともあろうに、主人公の紀昌が師の飛衛を射《い》殺《ころ》そうとするくだりである。師から技術的なことをほとんど学んでしまった紀昌は、師を亡き者にして、自分ひとりが天下の名人になろうと邪心を抱いたのだ。

秘《ひそ》かにその機会を窺《うかが》っている中に、一日たまたま郊野《こうや》において、向こうからただ一人歩み来る飛衛に出遇《であ》った。とっさに意を決した紀昌が矢を取って狙いをつければ、その気配を察して飛衛もまた弓を執《と》って相応ずる。二人互いに射れば、矢はそのたびに中道にして相当たり、共に地に墜ちた。地に落ちた矢が軽塵《けいじん》をも揚《あ》げなかったのは、両人の技がいずれも神《しん》に入っていたからであろう。

うーむ、なんとも怖ろしい弟子だ。

このあとも面白い展開のある小説だが、もちろん、この本は「僕はこんな小説を読んできた」という内容ではない。

なんで、『名人伝』を引用しているのかというと、矢と矢が空中でぶつかる確率の話をしたいからなのだ。

ふつう、矢というものは的《まと》を射る。戦争では人を射る。的が小さかったら、矢が当たる確率は低くなる。

当たり前の話だ。

だが、当たる確率を科学的にあらわす方法はあるのだろうか？

結論からいうと、物理学では、「衝突断面積」というもので当たる確率をあらわしている。

たとえば、矢で的を射る場合、衝突断面積は、的の面積そのものだ。半径１ｍの的だったら、面積は、「パイアール2乗」で約３・１４㎡。この３・１４㎡という面積が衝突確率。

あるいは、野球のボールどうしをぶつける場合、半径が５㎝とすると、断面積は約80㎠になるが、ボールが二つあるので、あたる確率は、２倍の１６０㎠になる（ボールどうしがかすればいいから）。断面積というのは、その名のとおり、スパッと切ったときの断面の面積のこと。

矢と矢が空中でぶつかる確率は、かなり低い。実際、矢の先端の断面積を仮に１㎟とすると、的を射るのと比べて、約３００万分の１の衝突確率である。つまり、ほとんど当たらないということ。『名人伝』のふたりが凄いのは、まさに、このような小さな衝突断面積にもかかわらず、射た矢がことごとく空中で正面衝突したからにほかならない。

素粒子反応の場合、衝突断面積を計算する方法がファインマンによって考案されている。だが、実際の計算は複雑なので、ここでは、カンタンな概算方法だけご紹介しよう。こういうのは、素粒子物理学者が本気で計算をする前に黒板で概算してみて、「あたりをつける」ときに使う。

といっても、拍子抜けするほどカンタンな方法だ。

衝突断面積概算法　「頂点」に$\frac{1}{137}$を割り当てる

つまり、ファインマン図に頂点があらわれるたびに「$\frac{1}{137}$」をかけるのである。それだけ。

その物理的な意味であるが、そもそも「頂点」というのは、電荷（$-e$）をもった電子が電荷ゼロの光子と相互作用する過程をあらわしている。だから、その反応確率が電荷eの関数であるのは、むしろ、自然なことなのだといえる。

量子力学をご存じの方は、振幅（波動関数）を2乗すると「確率」になることを思い出してい

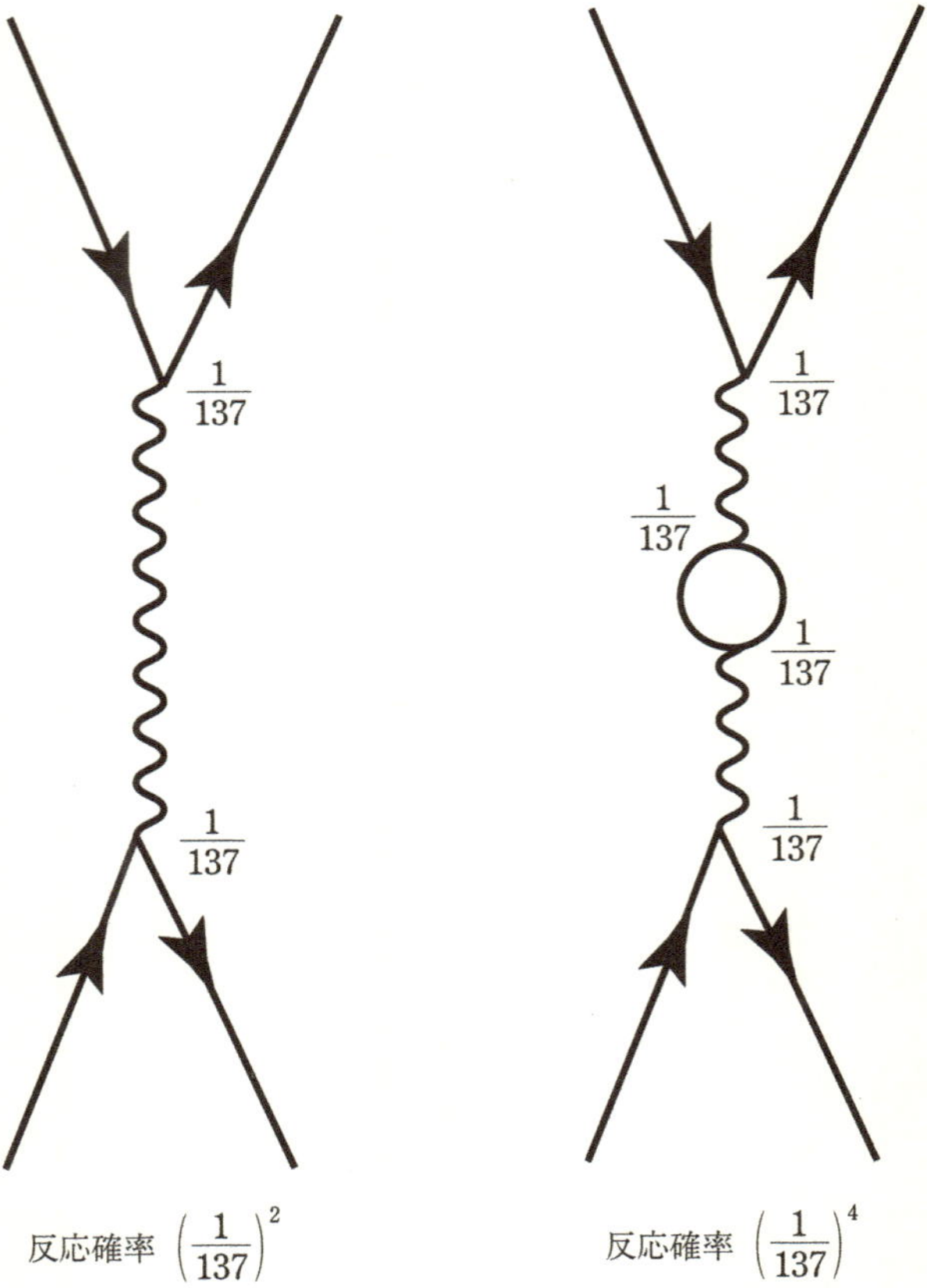

図33　衝突断面積の概算１

光子どうしは直接
相互作用せず,
電子の仲介が必要

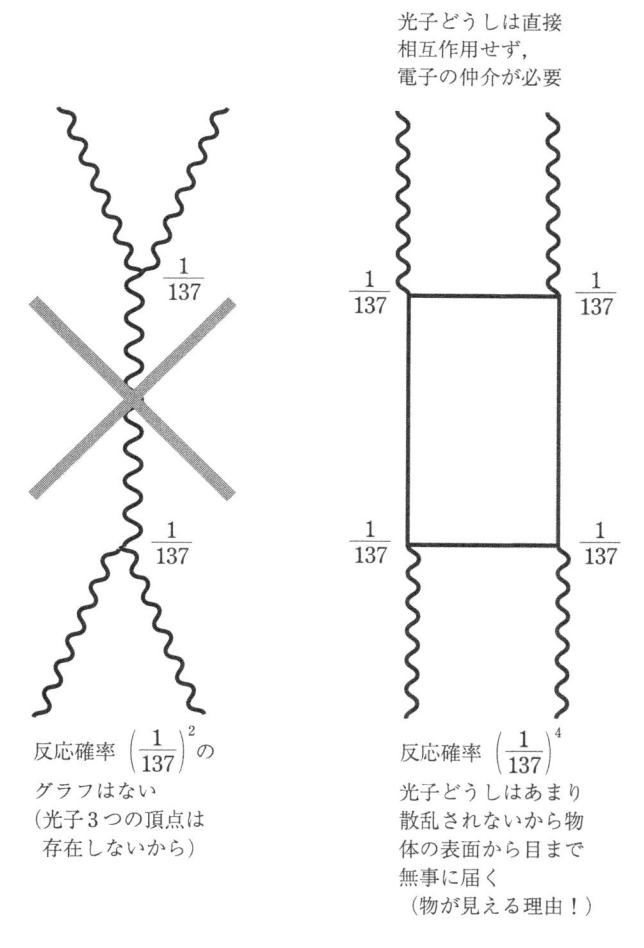

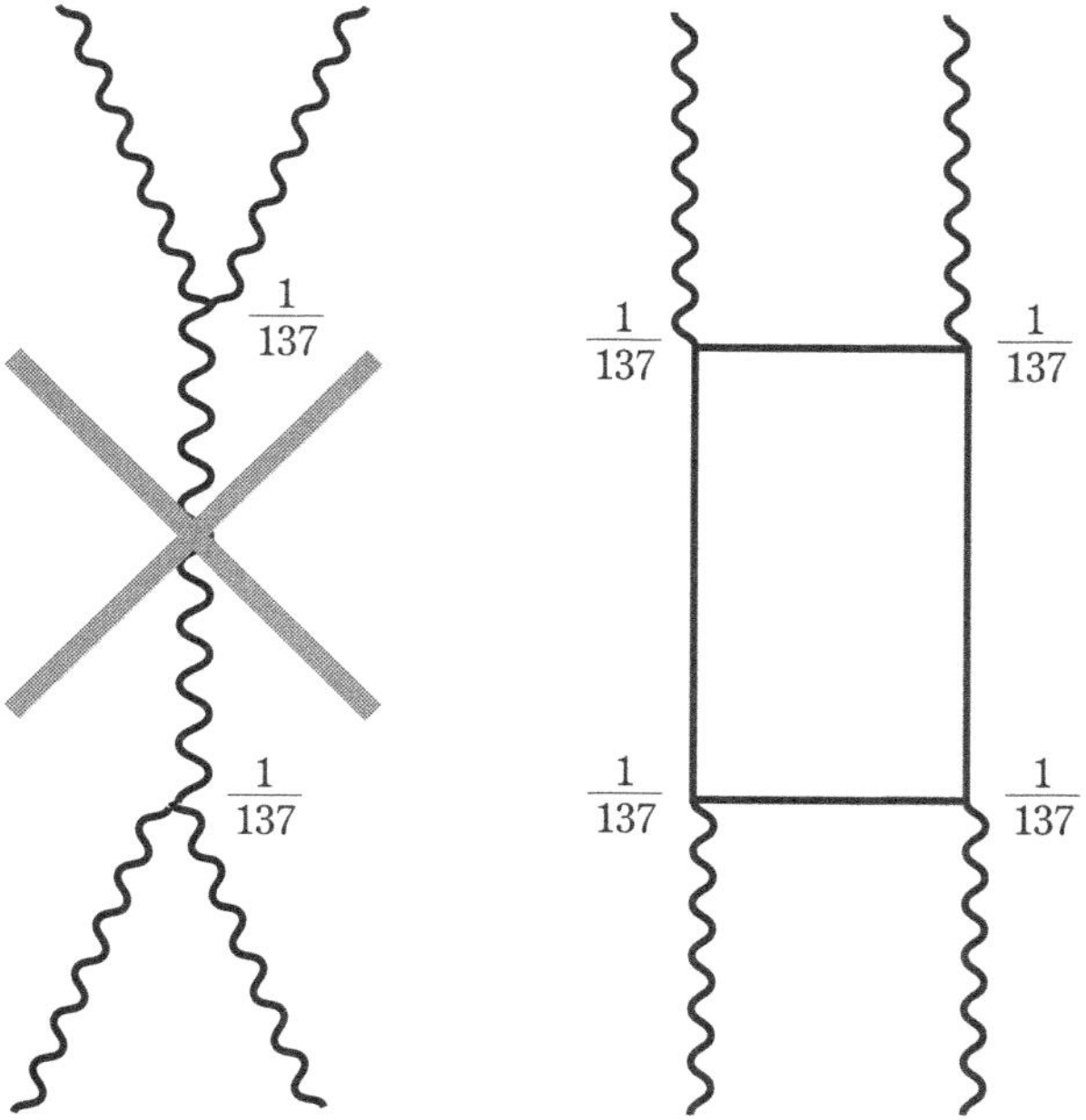

反応確率 $\left(\frac{1}{137}\right)^2$ の
グラフはない
(光子３つの頂点は
存在しないから)

反応確率 $\left(\frac{1}{137}\right)^4$
光子どうしはあまり
散乱されないから物
体の表面から目まで
無事に届く
(物が見える理由！)

図34　衝突断面積の概算２

ただきたい。ファインマン図そのものは、ある意味で、量子力学的な振幅をあらわしているのだ。だから、それを2乗すると確率、ひいては衝突断面積が計算できるのである。2乗するので、頂点の電荷eも2乗される。そして、この本の冒頭で登場した微細構造定数は、まさに電荷eの2乗という意味をもっており、その値が$\frac{1}{137}$なのである。

まあ、この説明は、かなりの物理通の人のための補足です。いずれにせよ、概算法だけを頭に入れてもらえば結構です。素粒子物理学者になったつもりで、ちょっと問題をやってみましょう。

問題　二つのファインマン図がある。その衝突断面積（＝反応確率）を概算せよ（**図33・34**）。

どうでしょう？　これから明らかなように、単純な過程のほうが確率が高く、複雑な過程になると確率は低くなることがわかる。

§素粒子の踊り子ふたたび

僕は人を騙すのが好きな悪い奴なので、さっき、三人の登場人物と一つの規則だけですべての素粒子反応が尽くされる、と嘘をついた。

正確には、量子電気力学に関するかぎり、という断りをつけるべきだったのだ。言い換えると、電磁力に関するかぎり、ということ。

宇宙には、今のところ、電磁力のほかに、強い力と弱い力と重力があることがわかっている。

宇宙に存在する四つの力

①重力
②弱い力
③電磁力
④強い力

重力の存在については疑う余地がない。重力が存在しないという人は、あまり、見あたらない。重力については、最終章で詳しく述べるが、ここでは、次のような構図が当てはまることだけ頭に入れておいてほしい。

重力の遠隔作用説＝ニュートン力学

↓

重力の近接作用説＝アインシュタインの一般相対性理論

重力の量子場＝？

つまり、遠方の質量どうしが遠隔的に「いきなり」重力を受けるというのが、ニュートンの万有引力の法則だったが、アインシュタインは、そうではなくて、「場」を介して徐々に影響が伝《でん》播《ぱ》してゆく近接作用の理論をつくった。それが一般相対性理論。だが、電磁場の例に倣《なら》って、一般相対論を量子化しようという試みは、２０００年9月の時点では成功していない。物理学の次の大きな革命は、量子重力理論の完成にあると僕は考えているが、それが、数年先のことなのか１００年先のことなのか、誰にもわからない。

さて、重力場が量子化されていないということは、重力を伝えるべき「量子」の正体が判明していないということだ。だから、重力子は未発見なのだが、強い力と弱い力の舞台に登場する量子の面々をご紹介しよう（表1）。

「おいおい、『強い力』とか『弱い力』とか、子供向けの言葉遣いで人を馬鹿にしてんのか？」

そんな読者の文句が聞こえそうだが、これは、物理学者が実際に遣っている言葉なのです。

「それにしても、強い力とか、弱い力なんて言われても、意味がわからんじゃないか」

なるほど、ごもっとも。だが、その答えは、これからご覧いただくファインマン図にある。つ

フェルミオン

＝レプトン類＝

名称	記号	スピン	重さ	電荷	その他
電子ニュートリノ	ν_e	1/2	0.000006以下	0	
ミューニュートリノ	ν_μ	1/2	0.37以下	0	
タウニュートリノ	ν_τ	1/2	35.6以下	0	
電子	e^-	1/2	1	−1	3つ子その1
ミューオン	μ^-	1/2	206.77	−1	3つ子その2
タウ	τ^-	1/2	3477	−1	3つ子その3

＝クオーク類＝

名称	記号	スピン	重さ	電荷	その他
アップ	u	1/2	5.4	2/3	
ダウン	d	1/2	11.7	−1/3	
チャーム	c	1/2	2446	2/3	
ストレンジ	s	1/2	205	−1/3	
トップ	t	1/2	341096	2/3	発見(1994)
ボトム	b	1/2	8317	−1/3	

ボソン

＝力を媒介する粒子＝

名称	記号	スピン	重さ	電荷	その他
重力子	G	2	0	0	重力を媒介する
グルーオン	g	1	0	0	強い力を媒介する
光子	γ	1	0	0	電磁力を媒介する
ウィークボソン	w^-	1	157389	−1	弱い力を媒介する
ウィークボソン	Z^0	1	178449	0	弱い力を媒介する

＝番外＝

名称	記号	スピン	重さ	電荷	その他
ヒッグス	H	0	223874以上	0	発見

・重さは，電子の質量(9.1×10^{-31}kg)の何倍かで表してあります
・スピンは粒子の自転のようなもの（詳しくはあとで）
・強い力は核を結びつけている力
・弱い力はベータ崩壊などを引き起こす力

表1

まり、「強い力」というのは、グルーオンが関与するすべての反応のことで、「弱い力」というのは、ウィークボソンが関与するすべての反応のことなのです。

よく、「強い力」は核を結びつけている力のことで、「弱い力」は、ベータ崩壊などを引き起こす力だ、などと説明されている。僕もそういう説明をする。だが、本当のところは、反応のファインマン図に、グルーオンがあるかどうか、ウィークボソンがあるかどうかが、力の定義なのだ。

ちなみに、「電磁力」は、ファインマン図に光子がある反応のこと。

もっとも、どうして、強いとか弱いなどという感覚的な言葉を使うかであるが、それは、衝突断面積を求める際に「頂点」に割り振られる数の大小による。電磁力の場合の頂点は$\frac{1}{137}$であった。強い力の場合は、だいたい、１の程度であり、弱い力の場合は、１００万分の１になるのだ。つまり、強い力、電磁力、弱い力の順に、反応が起こりやすくなっている。それが、名前の由来である。

ちなみに、重力は、一番小さい。

これは、われわれの常識と反するが、同じ物体にはたらく力の大きさを計算してみれば、重力がいかに小さいかが実感できるはずだ。

たとえば、電子と陽子のあいだにはたらく電磁力と重力の比を計算してみると、なんと、重力のほうが$\frac{1}{10^{40}}$の強さだということがわかる。つまり、素粒子反応を論じているかぎり、重力は無

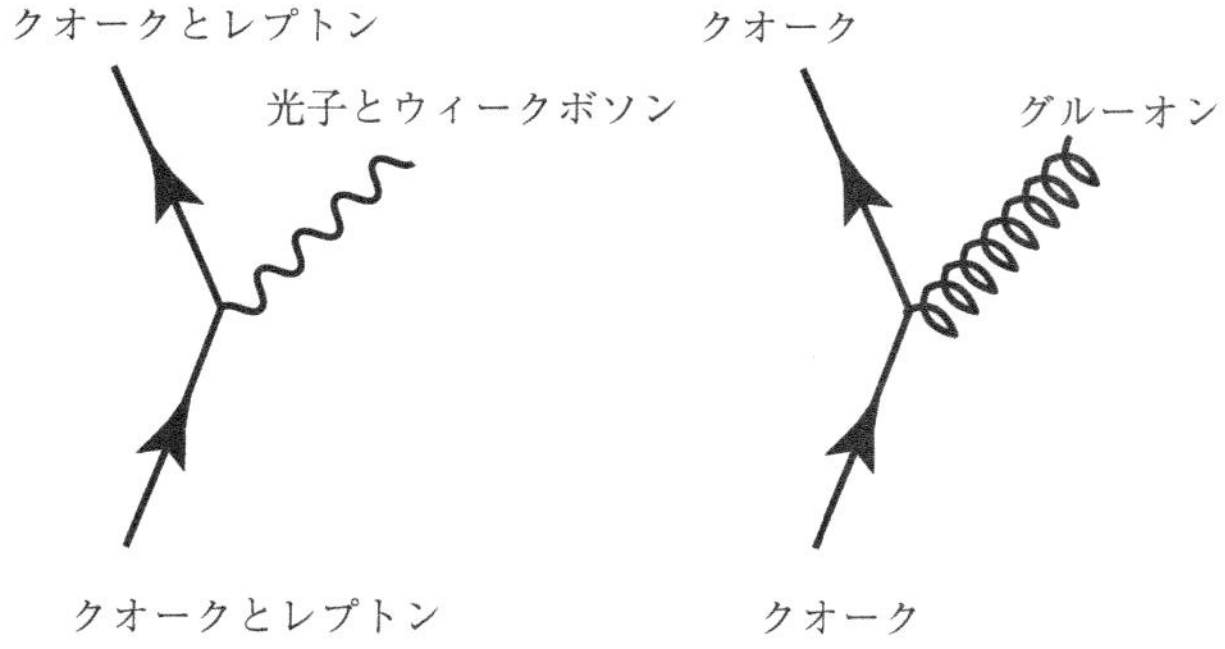

光子とウィークボソンは同類なので
本書では同じ記号であらわす。
グルーオンはクオークとしか相互作
用しない

図35　強い力と弱い力の頂点1

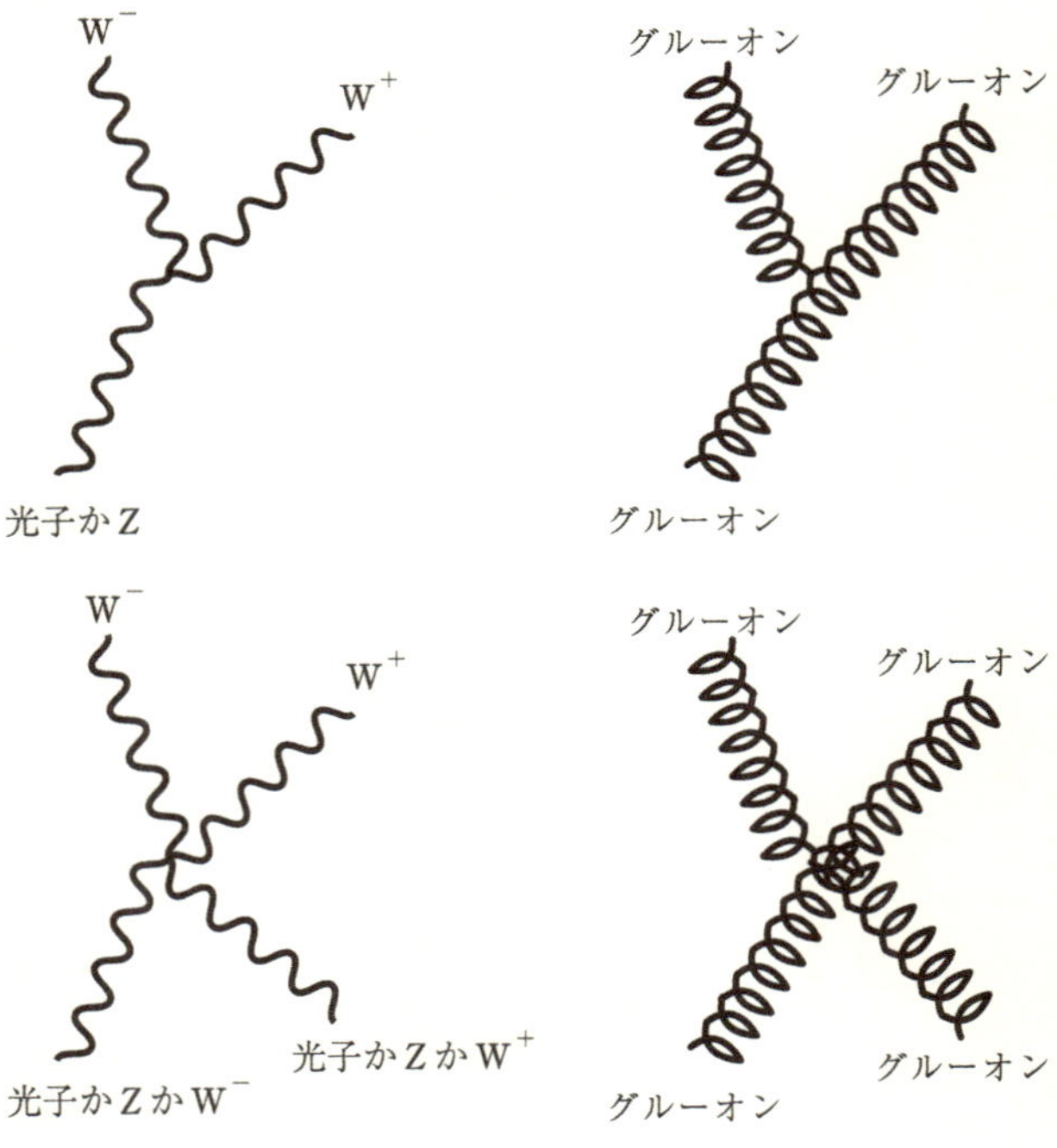

光子どうしは相互作用しないが
ウィークボソンどうし
あるいはグルーオンどうしは相
互作用する

図36　強い力と弱い力の頂点 2

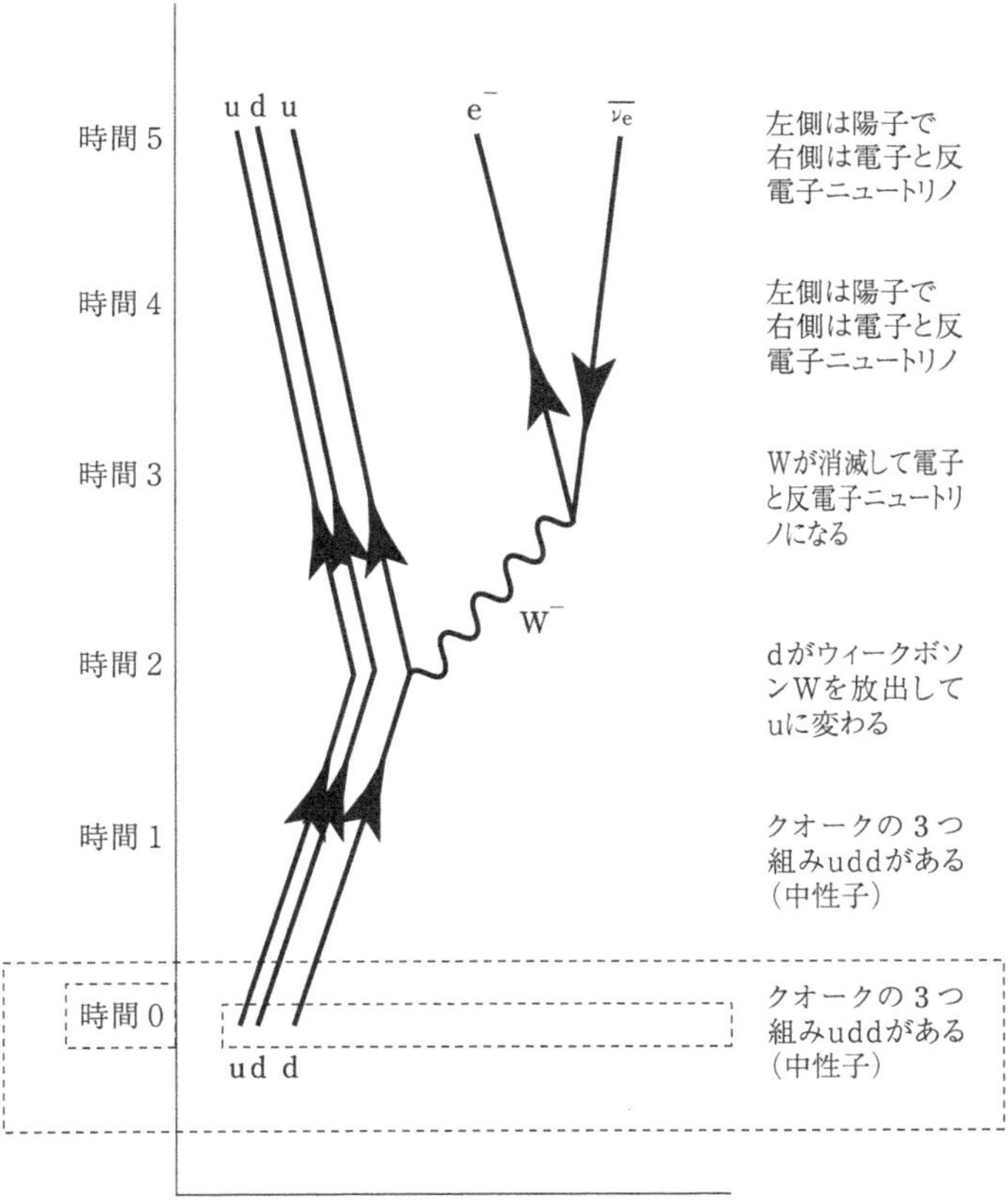
時間5
u d u
e^-
$\overline{\nu_e}$
左側は陽子で
右側は電子と反
電子ニュートリノ
時間4
左側は陽子で
右側は電子と反
電子ニュートリノ
時間3
Wが消滅して電子
と反電子ニュートリ
ノになる
W^-
時間2
dがウィークボソ
ンWを放出して
uに変わる
時間1
クオークの3つ
組みuddがある
（中性子）
時間0
クオークの3つ
組みuddがある
（中性子）
ud d

図37　強い力と弱い力の相互作用1

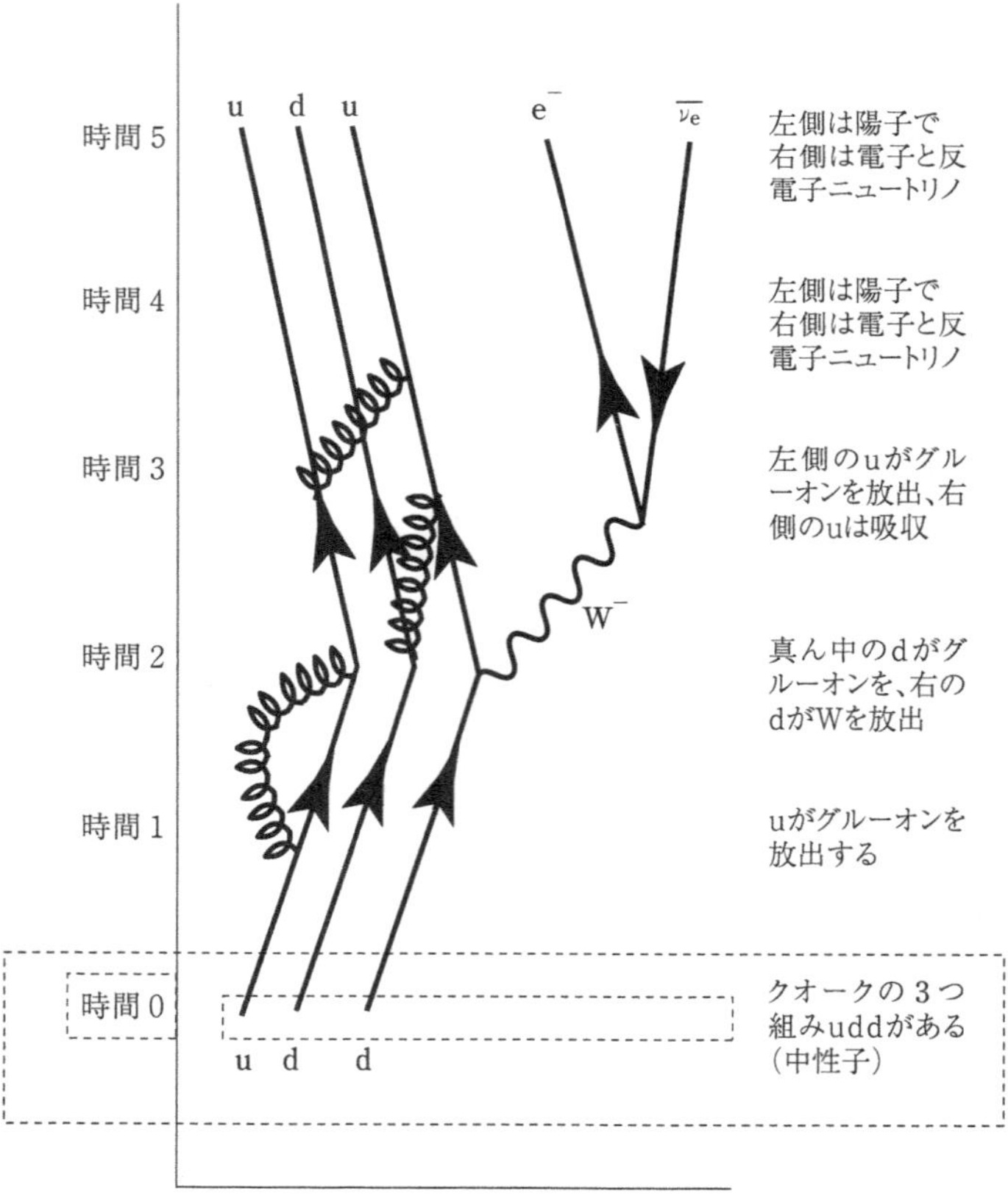
時間 5
時間 4
時間 3
時間 2
時間 1
時間 0
u d u
e⁻
$\overline{\nu_e}$
W⁻
u d d
左側は陽子で
右側は電子と反
電子ニュートリノ
左側は陽子で
右側は電子と反
電子ニュートリノ
左側のuがグル
ーオンを放出、右
側のuは吸収
真ん中のdがグ
ルーオンを、右の
dがWを放出
uがグルーオンを
放出する
クオークの3つ
組みuddがある
（中性子）

図38　強い力と弱い力の相互作用 2
図37にグルーオンを追加

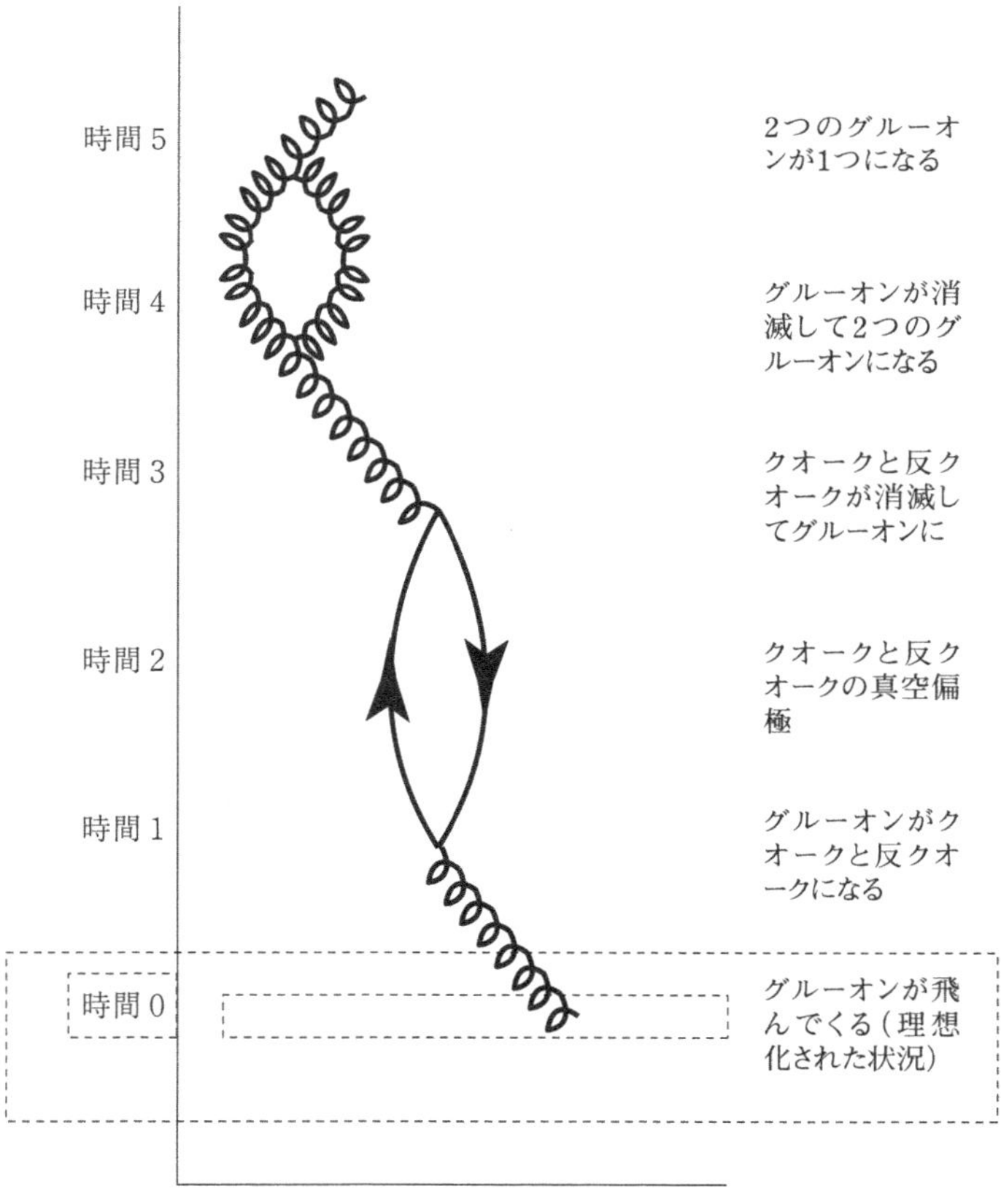
時間 5
2つのグルーオンが1つになる
時間 4
グルーオンが消滅して2つのグルーオンになる
時間 3
クオークと反クオークが消滅してグルーオンに
時間 2
クオークと反クオークの真空偏極
時間 1
グルーオンがクオークと反クオークになる
時間 0
グルーオンが飛んでくる（理想化された状況）

図39　グルーオンとクオークによる真空偏極

視できるほど小さいのである。

だが、重力は、引力だけで斥力がない。だから、塵も積もれば山となる式に、巨視的なレベルでは、大きく効いてくる。天体の運行に電磁力は効かないが重力が欠かせないのは、そのためである。個々の素粒子にはたらく重力は微小だが、それが、10^{40}個集まれば、電磁力と同じ大きさになる。そして、電磁力は、粒子がたくさん集まると、プラスとマイナスで打ち消し合うので、全体としては、ほとんどはたらかなくなってしまうのだ。

ちょっと脱線気味だが、スケールによって、力の効き具合も変わってくるということです。

というわけで、素粒子の仲間は、電子と相棒の陽電子と光子の三人だけではなく、もっと大勢いることがわかった。そこで、クオークやWやニュートリノたちも含めた素粒子の踊りをご覧いただくとしよう（図35〜39）。

§湯川博士の中間子をファインマン図で理解する

ようするに、ファインマン図で世界中の素粒子反応を理解することができるのだが、ちょっと不思議なことがありはしませんか？

それは、前節で観賞したファインマン図のどこにも、われわれがふだん耳にする「中間子」が登場しないことだ。

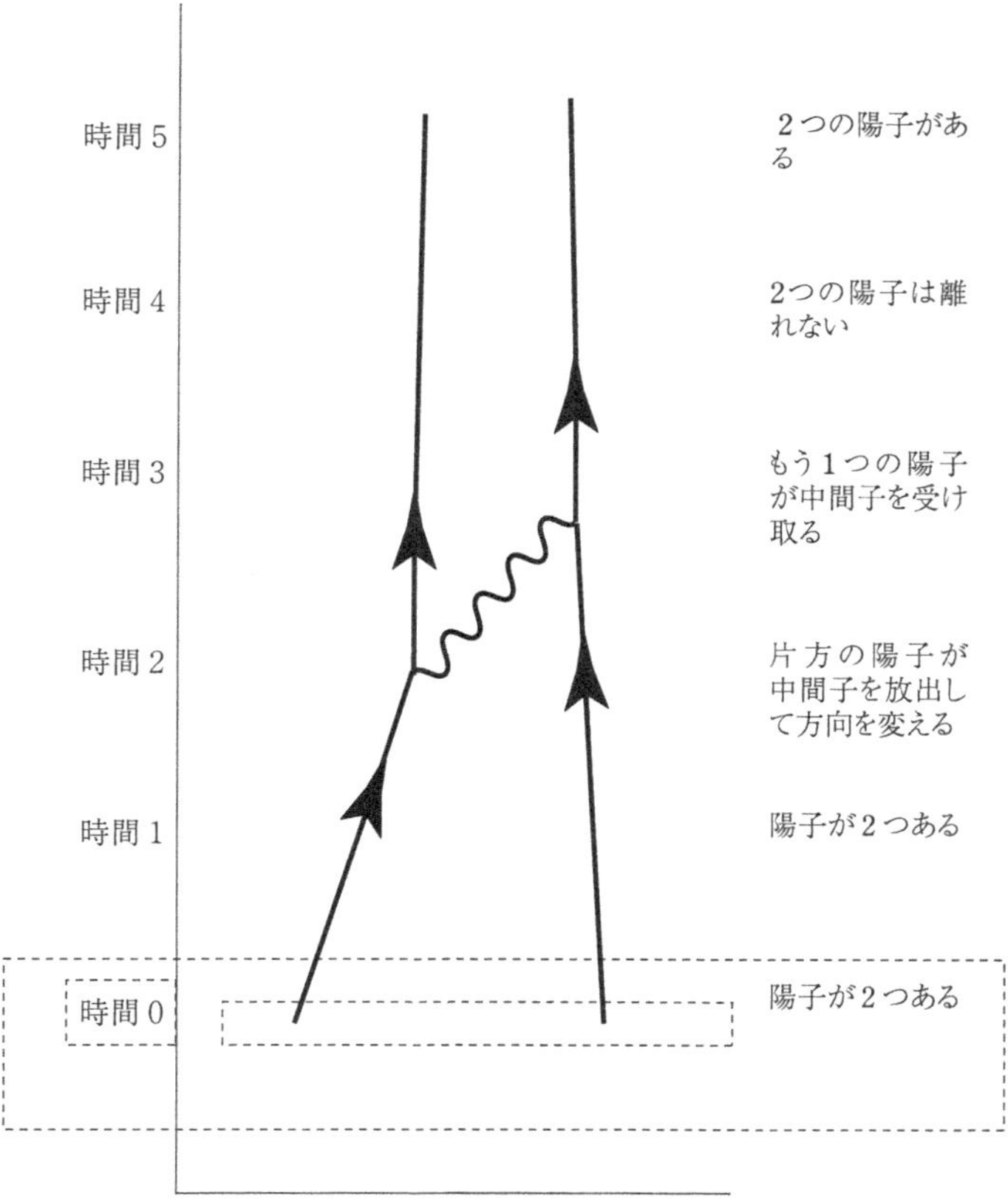
時間５
２つの陽子がある
時間４
2つの陽子は離れない
時間３
もう１つの陽子が中間子を受け取る
時間２
片方の陽子が中間子を放出して方向を変える
時間１
陽子が２つある
時間０
陽子が２つある

図40　湯川博士の予言した中間子をファインマン図で見る（昔の考え方）

だいたい、日本人ではじめてノーベル賞を受賞した湯川秀樹博士は、中間子の理論的な予言が認められたのではなかったか？　有名俳優は、いったい、どこにいったのだ。

実は、（陽子や中性子や）中間子は、「素」粒子ではなかったのです。彼女らは、クォークからできている複合粒子だったのだ。陽子や中性子は、クォーク3個からなり、中間子は、クォークと反クォークからできている。

そこで、中間子の登場するファインマン図を描いてみましょう（図40・41）。

これで、湯川博士が存在を予言した中間子の反応が、クォークと反クォークのキャッチボールとして理解できました。

前に予告しておいたとおり、不確定性原理を使って、中間子の質量を予測してみよう。

不確定性原理　$E \times t \approx h$

位置と運動量の両方を正確には決められないのと同じように、時間とエネルギーも正確にはきめられない。hはプランク定数である。だいたい、これくらいの誤差がある、ということです。（この二つの「不確定性」は、本当は意味がちがうのだが、ここではうるさいことは言わないことにする）

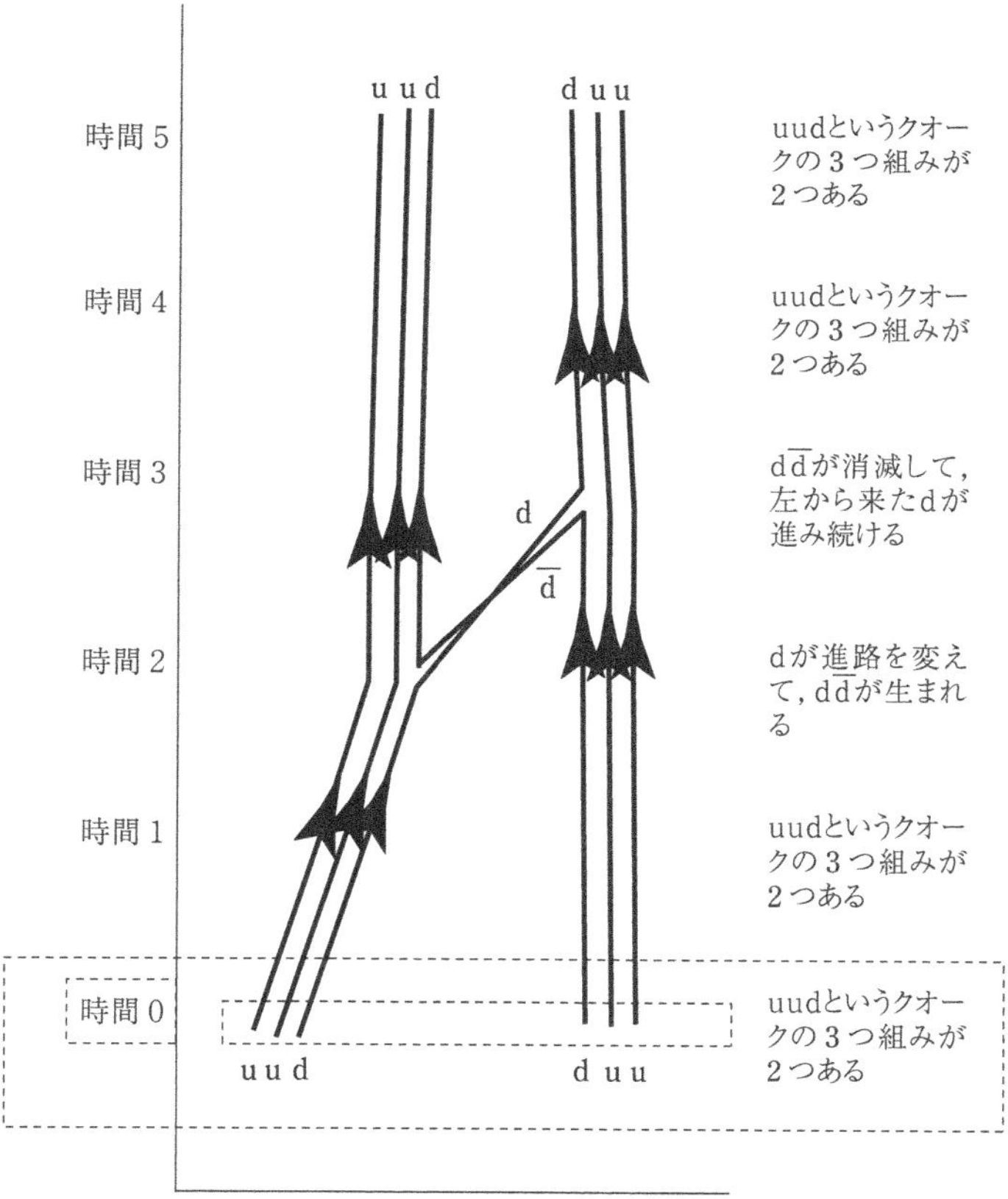
u u d
d u u
時間 5
uudというクオークの3つ組みが2つある
時間 4
uudというクオークの3つ組みが2つある
時間 3
d$\bar{d}$が消滅して，左から来たdが進み続ける
d
$\bar{d}$
時間 2
dが進路を変えて，d$\bar{d}$が生まれる
時間 1
uudというクオークの3つ組みが2つある
時間 0
uudというクオークの3つ組みが2つある
u u d
d u u

図41　湯川博士の予言した中間子をファインマン図で見る（現代の考え方）

これに、アインシュタインの有名な公式を使う。

アインシュタインの公式　$E=mc^2$

ただし、cは光速。

核力の到達距離は実験的にわかっているので、それを（速さ×時間で）「ct」とすると、

$$ct \approx \frac{ch}{E} = \frac{ch}{mc^2} = \frac{h}{mc}$$

この等式に、核力の到達距離ctとプランク定数hと光速cの値を入れると、中間子の質量mが計算できることになる。

湯川博士の予言　中間子の質量は電子の約２００倍

この予言どおりに中間子が見つかったことによって、日本人初のノーベル賞が湯川博士に与えられたのである。

§まず太陽からはじめて次に木星を考える

この節では、「摂動《せつどう》」という小難しい名前のついた方法について話します。英語ではperturbation（パーターベーション）という。

まだ、コンピューターが各家庭に普及していなかったころ、天文学者たちは、天体の軌道計算にある種の近似法を用いていた。

天体はニュートンの重力の法則にしたがって動くわけだが、面白いことに、計算は「二体問題」と「多体問題」にわかれるのである。そして、一般には、多体問題は近似を用いないと解くことができないのです。

たとえば、太陽と地球だけしか存在しない、と考えるのが二体問題で、これは、厳密に解くことができて、軌道が完璧に予言できる。

だが、実際は、火星もあれば水星もあれば月もあるので、多体問題を解く必要がある。ところが、三番目の天体を考えに入れたとたん、厳密な解を解析的に求めることは不可能になってしまうのだ。（ええと、三つの天体が常に正三角形とか直線上に並んでいるような特別な配置のときは例外的に解けますけど。ふつうはダメ）

偉大なニュートン力学の厳密な適用範囲が、天体二つまでとは恐れ入ったが、この話、大学の力学の教科書には必ず出ている。

解析的に解けないというのは、われわれが知っている初等関数では答えをあらわすことができない、という意味。しかたないので、なにがしかの近似を使うことになる。

その近似法の代表的なものが、摂動と呼ばれる方法。この方法では、まず、太陽と地球だけで厳密解を求めてから、その解の「補正」として、火星の影響を入れる。つまり、影響が一番大きい二つの天体で解を求めてしまえば、三番目の天体の影響は、解が少し変化するだけだという考えである。太陽と地球だけを考えて求めた解が第一近似であり、そこに火星の影響を入れると第二近似、さらに月も考慮すると第三近似……という具合。

惑星と太陽の質量の比は、おおまかにいって、１０００分の１くらいなので、第一近似と比べて、第二近似は、かなり小さいことになる。

僕は天体物理の専門家ではないので、ここにあげた例は、ちょっといい加減かもしれません。まあ、そんなふうにやるのだ、という程度に受け取ってください。

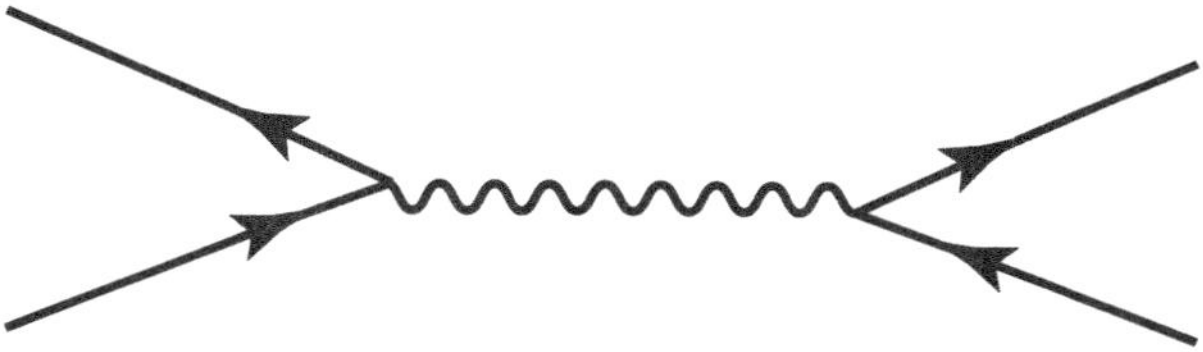

A　摂動の第一項の図

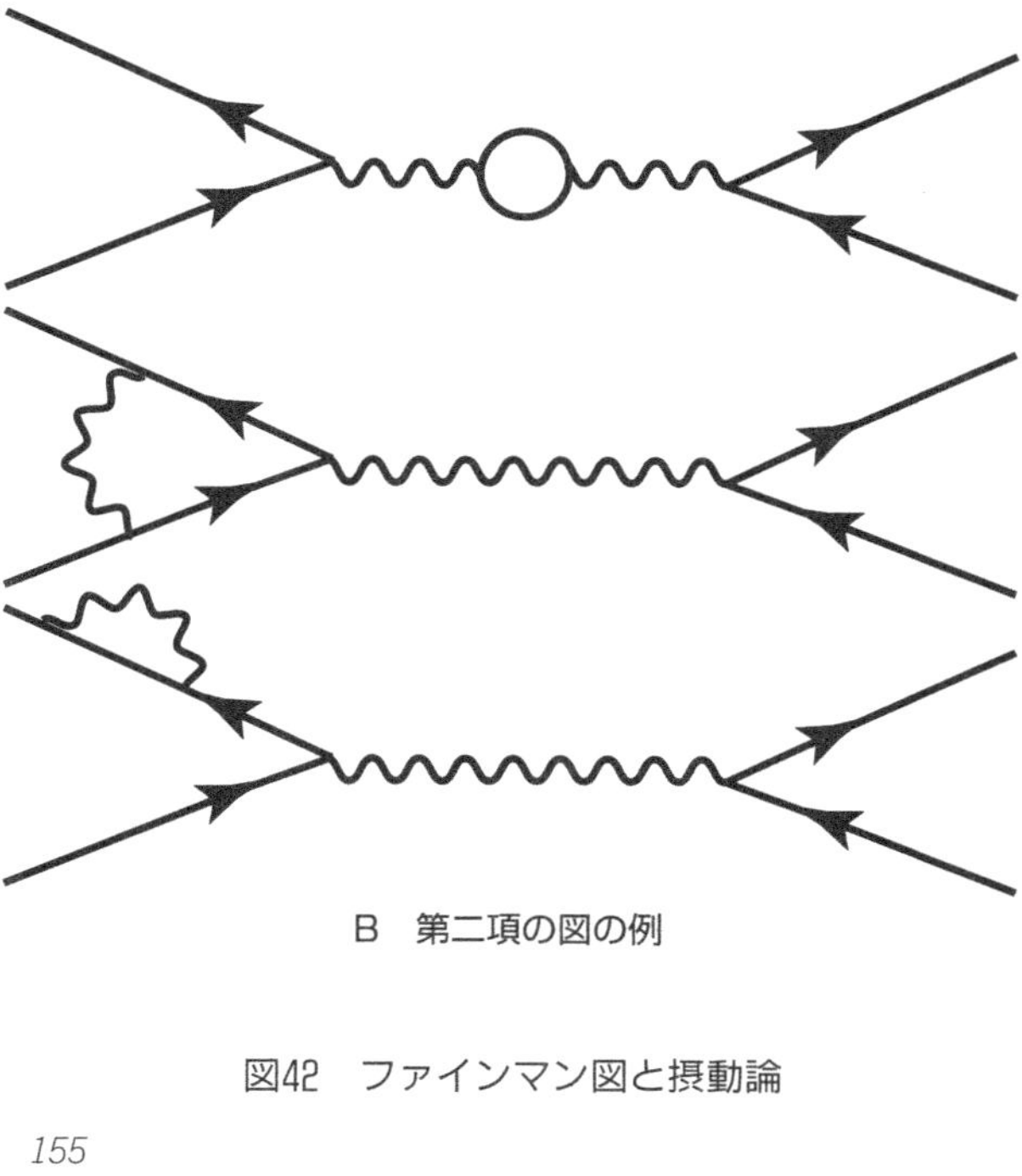

B　第二項の図の例

図42　ファインマン図と摂動論

さて、ファインマン図による衝突断面積の計算も摂動計算である。具体例として、電子と陽電子が衝突する場合を考えてみる。ファインマン図をご覧いただきたい（図42A）。

ここには「頂点」が二つ出てくるので、おおまかな反応確率は、$\frac{1}{137}$の2乗で、だいたい、2万分の1くらいになる。

これが、さきほどの太陽と地球の二体問題の解にあたる。第一近似である。

だが、ファインマン図は、これだけではない。三つの部品を使ってつくることのできる図形なら、どんなものでもいいのだから。

そこで、もっと込み入ったファインマン図を考えてみる（図42B）。

ここに描いた図は、どれも頂点が四つあるので、反応確率は、$\frac{1}{137}$の4乗で、だいたい、3億5000万分の1くらいになる。

このファインマン図が、第二近似になる。摂動の第二項というわけである。

この第二近似のファインマン図には、光子が途中で電子と陽電子になって、ふたたび光子に戻る図と、電子や陽電子が光子を放出して、ふたたび受け取る図が含まれている。後者を「真空偏極」と呼ぶ。この本で解説する「電荷のくりこみ」には、この真空偏極が主要な役割を担うことになる（図44）。

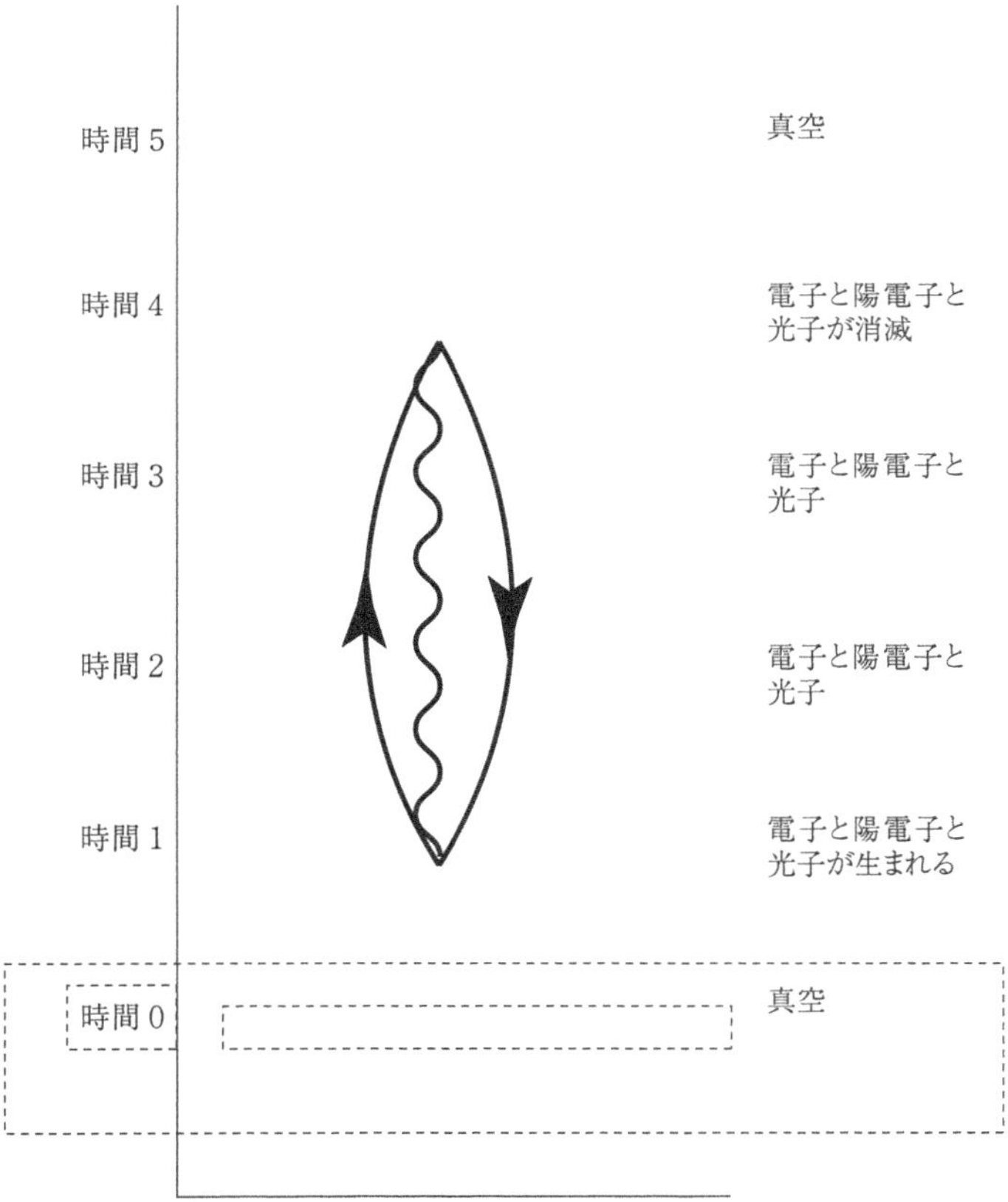
時間5
真空
時間4
電子と陽電子と
光子が消滅
時間3
電子と陽電子と
光子
時間2
電子と陽電子と
光子
時間1
電子と陽電子と
光子が生まれる
時間0
真空

図43　真空偏極1

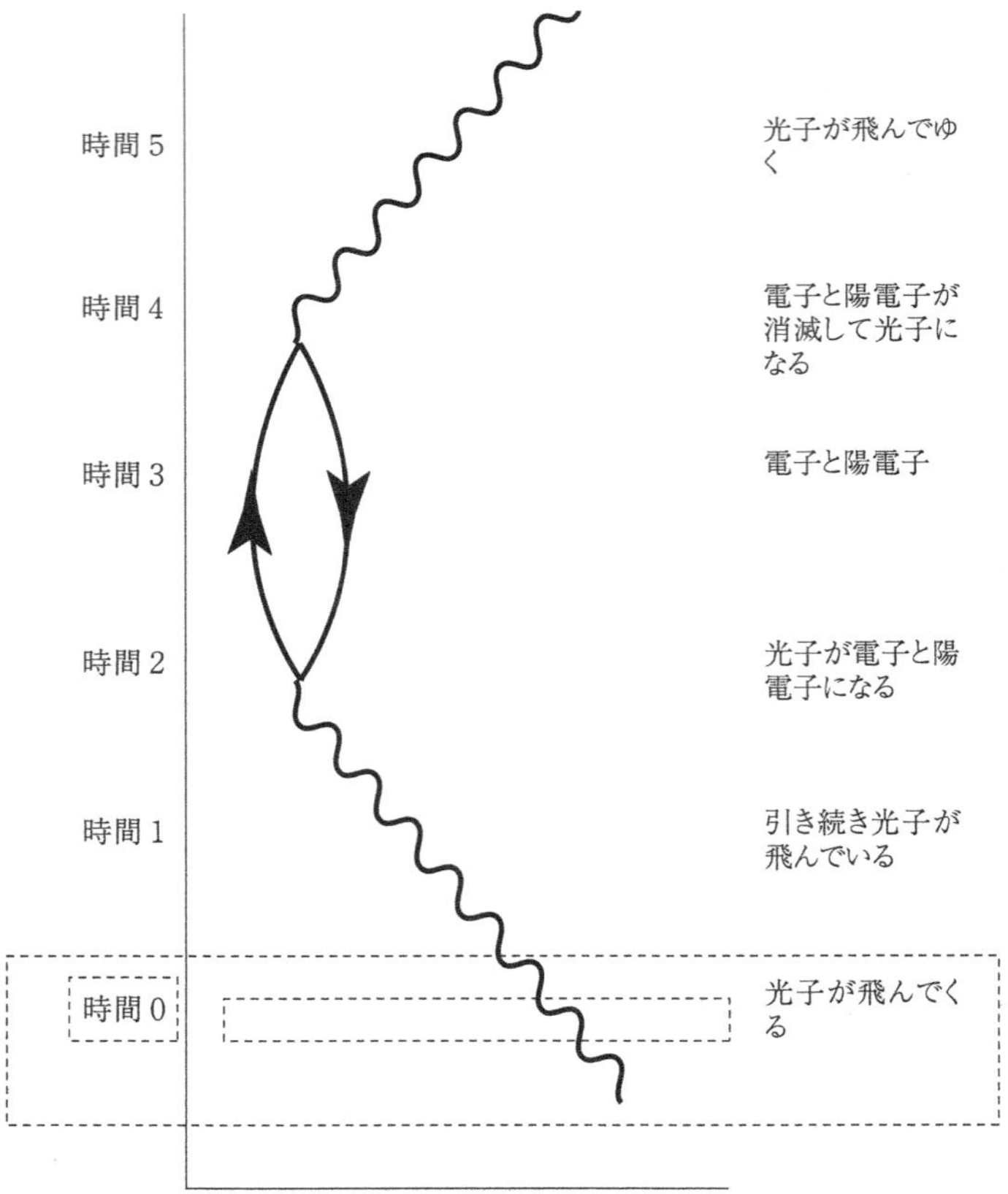
時間 5
光子が飛んでゆく
時間 4
電子と陽電子が消滅して光子になる
時間 3
電子と陽電子
時間 2
光子が電子と陽電子になる
時間 1
引き続き光子が飛んでいる
時間 0
光子が飛んでくる

図44　真空偏極 2

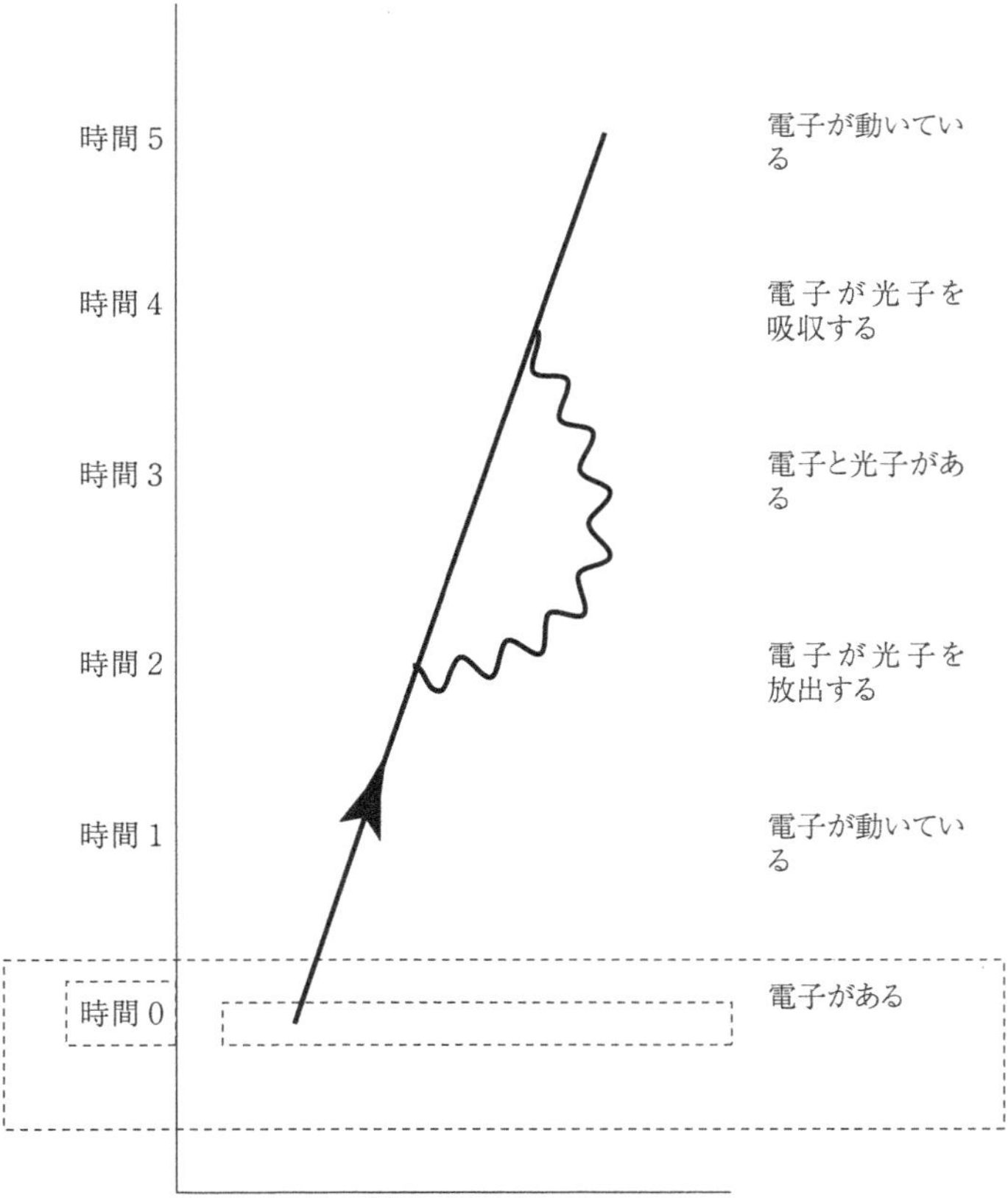
時間 5
電子が動いている
時間 4
電子が光子を吸収する
電子と光子がある
時間 3
時間 2
電子が光子を放出する
時間 1
電子が動いている
時間 0
電子がある

図45　電子の自己エネルギー

「真空偏極」という名前の由来であるが、電荷のない真空がプラスの電荷をもった陽電子とマイナスの電荷をもった電子とにわかれるから、こう呼ぶ。

真空偏極　$0=+1-1$

という次第。

なお、この本では詳しくあつかわないが、電子が自分で光子を投げて自分でキャッチしているのを「電子の自己エネルギー」と呼んでいる（図45）。

第3章　ゴジラとくりこみ

なんでゴジラがくりこみと関係あるのさ。そんな読者の声が聞こえてきそうだ。

大学の授業で黒板に「スケーリングの話」と書いて巨大アリの逆襲の話をはじめたら、学生から、

「それって空想科学読本じゃん」

という声があがった。

流行とは怖ろしいもので、かなりの学生が『空想科学読本』を読んでいた。ゴジラやウルトラマンが巨大化すると体重を支えきれなくなって潰れてしまうから、あのSFは嘘だ、というのは、今や常識となっているらしい。

ダイアローグ 場とくりこみ

このお話、かなりウケるようで、『ゾウの時間 ネズミの時間』という本もスケーリングをあつかってベストセラーになりましたね。

それにしても、この「場とくりこみ」は、SFの話でも生物学の話でもなくて、文字どおり「場とくりこみ」をあつかっているわけなのだが、いったい、どうして、ゴジラやゾウやネズミが関係してくるのか？

実は、この一連のお話は、物理学でいうところの「スケーリング」と呼ばれる考え方からきていて、それはフラクタルとかくりこみといった分野の基礎になっているのだ。

だから、くりこみをあつかう以上、潰れるゴジラの話を避けて通ることはできないわけ。

ええと、まず、『空想科学読本』も『ゾウの時間 ネズミの時間』も読んでいない読者のために、スケーリングと次元解析の話を簡単にしてから、くりこみとの関係に入りましょうか。

いや、さらにその前に、「場」と「くりこみ」の関係について述べておかなくてはいけない。

いったい、どうして「場」の本に「くりこみ」の話が必要なのだ？ 無理矢理くっつけているのではあるまいか？ そんな疑念を払拭《ふっしょく》しておかないと読み進める気力が失せてしまう。

というわけで、対話をお読みください。

玲子「ハーイ、素朴な疑問！」

竹内「はいはい」

玲子「この本のテーマだけど、どうして、場がくりこみとやらに関係あるのかわからないわね」

竹内「なるほど。そういえば、つながりを書き忘れていた」

玲子「しっかりしてよ」

竹内「すみません。ええと、そうだな……。クーロンの法則は遠隔作用だから、距離がゼロということないよね」

玲子「逆二乗の法則だから、距離がゼロになると、分母がゼロ？　学校の数学の先生が、分母にゼロをもってきてはいけない、って言っていたもの」

竹内「そうだね。電荷の周囲のポテンシャルエネルギーは、逆二乗ではなくて、逆一乗の形になるので、やはり、距離がゼロだとエネルギー無限大になってしまう」

玲子「それが？」

竹内「近接作用、つまり、場の理論では、距離が無限に近いことも可能だよね」

玲子「？」

竹内「ほら、玉とバネを無限小にしたじゃないか」

玲子「つまり、電荷からの距離がゼロということもありうるわけ？」

竹内「イエス」

玲子「なんだか怪しい説明ね」

竹内「はっはっは」

玲子「笑ってごまかすな」

竹内「ごめん。もっとちゃんと説明しよう。格子の振動や音波の場合、固体分子や空気分子の大きさよりも小さな波長の波は存在しないだろう？」

玲子「当然ね。波の波長は、媒質をつくっている粒子よりもずっと大きいわけだから」

竹内「だが、真の場には、どんなに小さな波長の波も存在できる」

玲子「真の場？」

竹内「ああ、媒質の粒子が無限小、言い換えると、連続媒質ということ」

玲子「振動数は波長の逆数だから、つまり、振動数が無限大？」

竹内「そうだね。波長がゼロの極限で分母がゼロということだから」

玲子「じゃあ、数学の先生に怒られちゃうじゃない」

竹内「物理学者はふてぶてしいからね、分母にゼロがきて無限大になっても、何食わぬ顔して、くりこんでしまうのさ」

玲子「くりこむとどうなるの？」

竹内「無限大が消えて有限になる」
玲子「場に無限大はつきもので、それを処理するために、くりこみが必要になる……なんとなく、わかりました」

§巨大アリの逆襲

もともと僕がスケーリングの話をはじめて聞いたのは大学の物理学科の授業だった。それも素粒子論の授業。だぶだぶで穴のあいたジーパンをはいて髪がもじゃもじゃの物理学者の典型のような教授が黒板にアリの絵を描いて、いきなり、

「このアリが100倍の大きさになって諸君を襲うことがあるだろうか?」

と質問をした。

教授が子供のころ、そんなSF映画を観たのだそうだ。

まあ、結論からいうと、アリのからだをつくっている分子が入れ替わって鋼鉄にでもならないかぎり地球人の将来に心配はいらない。なぜなら、身長が100倍になると、からだの表面積は100の2乗の1万倍になって、体重は100の3乗の100万倍になってしまうからだ。アリのからだの強度は表面積に比例するので、これは、つまり、

強度が体重に負けて潰れてしまう

ということ。

いいですか？　イメージとしては、ビニール袋に水をそそいで手に持ったような感じ。水の量が増えると、やがて、ビニールが破けてしまう。動物のからだも同じことで、中身が増えすぎるとからだの表面をおおっている細胞が重さを支えきれなくなって「はじけて」しまう。

ポイントは、身長は長さの次元（たとえばメートル）をもっていて、からだの強度を決める体表面積は長さの2乗の次元をもっていて、ささえるべき体重は長さの3乗に比例するという点である。

うーん、ちょっといい加減。

身長が倍になっても、生物のからだは、サイコロみたいに立方体ではないので、3乗というのは、ちょっと大袈裟すぎる。せいぜい、2・5乗くらいか。（2・5乗は、2乗と3乗の中間。電卓で計算するときは、$\frac{5}{2}$乗ということなので、最初に5乗してから、平方根をとればいいのです）

まあ、この話は概算ということで……。

わかりやすすぎるので、ちがう例を考えてみる。

テレビで、カブトムシが笊《ざる》か何かを引っ張っていた。その解説がふるっていて、

「体重10gのカブトムシが重さ２００gの笊を引っ張るということは、人間でいえば体重60kgの人が重さ1・2トンの物体を引っ張るのと同じことだ！」

などと非科学的なことをいっていた。

出演していたゲストも誰も文句を言っていなかったし、スタッフも気がつかなかったようなので、この国の科学水準の低さを見せつけられたような気がしましたよ。ため息。

この本を読んでくれている読者には、もう、僕が何を言いたいのかおわかりだろう。

そう。さきほどの巨大アリと同じで、カブトムシの場合も、スケールをきちんと考察しないといけないのだ。

「え？　でもカブトムシの大きさは変わっていないじゃないか」

そうですよ。でも、カブトムシの体重と笊の重さを比較しているではありませんか。

さっきは、元の身長と１００倍になった身長を比較したのだった。いうなれば、身長の差による波及効果としての「強度」を論じたのであった。

今度は、カブトムシの力と人間の力を比較するわけ。大きさのちがうものどうしを比べるという点では、巨大アリと同じ議論をやっているといっていい。今の場合、カブトムシと人間の体重の差による波及効果としての「力」を論じたいわけです。

体重が6000倍になったら出せる力はどうなるか？

それが問題だ。

ここでスケールをきちんと論ずるために「次元解析」が必要になってくる。次元解析とは、その名のとおり、次元を解析するのだ。こんな具合に。

§次元解析

$F=ma$というニュートンの公式からもわかるように、力は、重さに加速度をかけた単位をもっている。重さの次元（単位）を［M］であらわす。長さの次元を［L］であらわす。そして、時間の単位を［T］であらわす。［ ］が「次元」という意味です。

とりあえず、力学をやっている限り、この三つの次元で事は足りる。今の場合、加速度は、メートル毎秒毎秒などということから明らかなように、

$$[\text{加速度}]=[L][T]^{-2}$$

という次元をもっている。マイナス2乗のマイナスは、「分母にくる」という意味。だから、$[T]^{-2}$というのは、$1/[T]^2$のこと。

力の次元は、これに重さをかければいいのだから、

$$[力]=[M][L][T]^{-2}$$

と計算できる。カブトムシや人間が力を出すときは、こういった次元がからんでくるわけだ。

さて、生物どうしを比較する場合には、体重変化、身長変化だけでなく、体内時計も考慮してやらないといけない。くわしくは『ゾウの時間 ネズミの時間』などをご覧いただくとして、生物の体内時計は体重の$\frac{1}{4}$乗に比例すると仮定しよう。体重は身長の3乗に比例するから、いいかえると、身長は体重の$\frac{1}{3}$乗に比例することになる。（ええと、$\frac{1}{3}$乗というのは、3乗根のこと）

以上をまとめると、

$$\begin{aligned}[力]&=[M][L][T]^{-2}\\&=[M][M]^{\frac{1}{3}}[M]^{(\frac{1}{4})(-2)}\\&=[M]^{1+\frac{1}{3}-\frac{1}{2}}\\&=[M]^{\frac{5}{6}}\end{aligned}$$

つまり、力は体重の$\frac{5}{6}$乗に比例して大きくなることがわかる。

人間は、カブトムシの体重の６０００倍だとしてみよう。その場合、次元解析から明らかになったことは、人間は、カブトムシの６０００倍の力が出せるはずはなく、せいぜい、６０００の$\frac{5}{6}$乗くらいの力しか出せないということだ。少なくとも物理法則にしたがうかぎりは……。計算機で６０００を5乗してから平方根と三乗根をとって$\frac{5}{6}$乗を求めると、だいたい、１４００くらいになる。だから、カブトムシが２００ｇの笊を引っ張ることができるなら、人間は、その１４００倍の２８０kgの重さを引っ張れば「同格」となる。ふつうの人は、２８０kgくらいのものを（持ち上げることはできないが！）引っ張ることはできるから、結論として、人間は、カブトムシと同じくらい力持ちということになる！

カブトムシのほうが力持ちだというのは、いうなれば、木を見て森を見ず。現象の一つの側面にだけ近視眼的に注目した結果だといえる。体重と力は比例するのではなく、力は$\frac{5}{6}$乗に比例するからである。

しつこいようだが、大切なのは、全体のバランスなのだ。

縮尺を変えて地図を描くとき、駅から住宅地までの距離だけを縮めて、道路の道幅を縮めるのを忘れたら、地図は道だらけになってしまって、人が住む家は入らなくなってしまう。あるいは、人の顔を縮小して模写するとき、鼻だけ縮小するのを忘れたら、鼻だらけの顔になって笑ってしまうであろう。

それと同じで、全体を正しくスケールしてやらないとだめなのだ。その場合、あつかっている物理系の長さと重さと時間がどのような関係にあるかを知る必要がある。

最後の補足。

体内時計が本当に体重の$1/4$乗になっているのかどうかである。うちの猫はシュレディンガーのファーストネームをいただいてエルヴィンという名前だが、僕が1回寝るごとに、2回か3回寝ているらしい（僕が寝ているときにもエルヴィンは途中で起きて、また寝るようだ）。つまり、僕の一日は、エルヴィンの二日から三日にあたるわけ。だから、起きるたびに、「おはよう」と挨拶にやってきて、髭のあたりと尻尾のあたりを僕のすね毛にこすりつける。

猫の体重は4kgくらいで、僕の体重は76kg。体重は19倍だが、その平方根を2回とると約2.1倍になる。つまり、エルヴィンの体内時計の進み方は、僕の体内時計の2倍以上も速いことになる。

どうでしょう？　ぴったりではありませんか。

よく、レストランで子供が飽きてしまって歩き回ったりはしゃいだり悪戯をしたりして母親に叱られているが、体重30kgの子供は、大人の半分から三分の一の体重なので、おおまかにいって、1.3倍くらい、時間がたつのが「長く」感じるはずだ。1時間の食事も1時間半弱に感じるから、退屈してしまっても不思議はない。でも、お母さんたちは、そんなスケーリングの話は知らないから、

「どうしておとなしくしてられないのよぉ！」

と怒鳴ってしまう。ああ、なんて可哀想な子供たち。

この本のはじめのほうに出てきた振動の話だが、次元解析をやることによっても正解に到達することができる。ちょっと高度な受験技法である。

問題　振動数の公式は？

(a) $\sqrt{\dfrac{m}{k}}$　(b) $\sqrt{\dfrac{k}{m}}$

振動数 ω は、毎秒何回振動するか、ということなので、「毎秒」、すなわち1／sという次元をもつから、

$$[\text{振動数}]=[\mathrm{T}]^{-1}$$

と書くことができる。重さmは、そのまま［M］である。バネ定数は、すぐにはわからないが、

$$F = ma$$

というニュートンの公式と、

$$F = -kx$$

というフックの法則くらい覚えているはずなので、kの次元は、計算することができる。つまり、力の次元をxの次元で割ればいいのだから、

$$［バネ定数］=［力］\div［L］=［M］［L］［T］^{-2}\div［L］=［M］［T］^{-2}$$

つまり、平方根の中に入るべきは、k／mであることが判明する。

試験のとき、いちいち、こんな面倒くさいことをやっていられるか！

そう思われるかもしれないが、もちろん、物理ができる人は暗算でやっているのである。ここでは、丁寧にワンステップずつ解説したから時間がかかるように思われるかもしれないが、実際は、力の次元を「キログラムかけるメートル毎秒毎秒」とつぶやいて、それを「メートル」で割るだけなので、バネ定数の次元は「キログラム毎秒毎秒」とはじき出すことができる。だから、暗算ですむわけ。

世の中には次元アレルギーの人が多いが、それは、学校の授業で、きちんと整理して教えないからである。一週間くらい特訓して次元漬けになれば、恐くなるんですが……。

ダイアローグ　体内時計

「遅いじゃないの」

待ち合わせ場所の恵比寿ガーデンプレイスに出かけていったら、玲子が時計を俺の目の前に突きだした。片方の眉毛が異常に吊り上がっていて、こめかみに╬マークが浮き出ている。かなり待ったらしい。

「ごめんな、俺は体内時計の進み方がゆっくりしているんだよ」

「嘘おっしゃい」

「まあ、ビールでも飲みながら、ゆっくり話そうじゃないか」

ウェイターにビールを注文すると、依然として眉毛の吊り上がったままの玲子に向かって、俺は語りはじめた。

「俺は太っていて体重が玲子の三倍はある。それはいいだろう？」

「またお腹が出てきたんじゃないの？　もうすぐお相撲さんになれるわよ」

「はっはっは、相変わらずきついねェ」

俺は、気を落ち着かせるため、ビールを一口だけ飲むと、玲子のほうに身を乗り出して理路整然と言い訳をはじめた。

「いいか、これは一種の物理法則なので、何人《なんぴと》たりともあらがうことはかなわぬ。体内時計の進み方は体重の平方根に比例するのだ。だから、体重が３倍ということは、ルート３で１・７３２０５０８……倍に間延びするんだよ。だから、俺は玲子よりも１・７倍遅れてもしかたないことになる」

「ふーん、あくまで謝らないつもりね？」

「いや、自然法則というかスケーリングによってだな……」

「わかったわ」

玲子は、ニヤリと小悪魔のような笑みを浮かべると、おもむろに手をあげてウェイターを呼んだ。ウェイターが、なんでございましょう、と営業スマイルを浮かべてやってくると、玲子は、

「このレストランで一番高いワインをちょうだい。今日は記念日なの」

と、とんでもない注文をした。かしこまりました、とウェイターが去ってゆく。

「おいおい、なんのつもりだ。記念日なんて嘘だろう。勘定はどうするんだ」

俺の背筋を冷たい汗が流れた。

「体重が3倍でルート3なんだから、人並みにおごれや」

玲子の勝ち。がふっ。俺はテーブルに顔をめりこませた。

第4章　くりこみ理論

さて、いよいよ量子場のくりこみの話に入る。

第2章で量子のダンスをご紹介した。ファインマン図の第二近似に出てくる「真空偏極」は、実は、とんでもない魔物だということがわかる。魔物退治には「くりこみ」と呼ばれる処方が必要になる。また、くりこみは、前章のスケールの話とも密接に関連している。

§ノーベル賞を取り損なったダイソン

先日、母校のマギール大学から案内状がきて、日本の私立大学と協力して経営学修士（MBA）のコースを立ち上げることになって、カナダ大使公邸でレセプションをやるという。暇なので行ってみたら、立食パーティーだったが、シャンペンまでごちそうになった。日本にいる卒業生も全員、招かれたわけ。

よく、映画を観る会とか、いろいろな案内状がくるし、季刊でカラー雑誌の『ニュース』まで送ってくる。そのニュースには、卒業生の近況や大学の活動内容がこまかく掲載されている。先週も、「６４００万ドルの寄付」という記事があった。カナダドルなので、日本円にして50億円くらいか。愛校心がなければ、とてもじゃないが、50億円は寄付しないだろう。

カナダは寒かったし、それなりに辛かったような気がする。日本の受験勉強のようなハードな状態が何年も続いたっけ。鍛えられたせいか、逆に愛校心のようなものがあって、僕も、今年は（６４００万ドルに合わせて）６４０ドルだけ寄付をした（笑）。

そうそう、この６４００万ドルを寄付した人が、いい言葉を吐いている。

「わしゃ、こんなに金などいらん……大学を素晴らしくするのは建物ではない。中にいる人なのだ」

うーむ、前半は、単にうらやましいだけだが、発言の後半には感心してしまった。どこかの国は、ハコモノ、ハコモノと言って、建物ばかりにお金を使って、いい人材を育てることを忘れている。ちょっと耳が痛いですな。

この御仁、

「国の将来は人にかかっている」

とも言っていて、寄付金の大半は、有能な若手教授を雇う費用と大学院生のための奨学金にあてられるのだという。

マギール大学は、卒業生でノーベル賞を受賞した人の数が、だいたい、日本全体のノーベル賞の数と同じくらいである。人口比で計算すると、日本の何百倍も効率がいいことになる。

僕は、いろいろな意味で、現在の日本に危機感を抱いている。科学教育や奨学金など、「人」を育てる体制を本気になって立て直さないと、欧米にどんどん水をあけられるばかりである。

閑話休題《それはさておき》。

駄弁がすぎたが、マギール大学のクリスマス講演の話を書きたかったのである。

マギールでは、毎年、クリスマスになると、大学の大講堂で、著名な学者を招いて、学術講演がある。学生も市民もタダで聞くことができる。ノーベル賞受賞者も多く招かれている。ちなみに、この講演会は、やはり卒業生が３００万ドル寄付した基金でまかなわれている。

ある年のクリスマス講演会にフリーマン・ダイソンがやってきた。

ダイソンの風貌は、とても印象的だった。痩せて静脈が浮き出て、海賊の短剣のような鼻をして、落ちくぼんだ眼窩《がんか》から鋭い眼光を放っていた。（科学ライターのジョン・ホーガンが同じような描写をしています）

ダイソンは、朝永、ファインマン、シュウィンガーとともに「くりこみ理論」の完成に貢献した学者だが、なぜか、ひとりだけノーベル賞をもらい損ねた。そのせいか、ちょっと拗《す》ねた性格で、いつのまにか軍縮とか気候学とか、未来学のような研究をはじめた。

たとえば、恒星の周囲を球殻で覆って、エネルギーを無駄なく調達する「ダイソン球」を提唱したり、遺伝子工学の発達によって、翼で太陽熱を吸収する鶏くらいの大きさの宇宙船をつくって、太陽系の外の様子を探るために飛んでゆかせるなどという夢のような話を語るようになった。この生物は、宇宙鶏《アストロチキン》という名前だそうだ。

天才の考えることは、とかく、わけがわからないもの。僕のような凡人には、ちょっとＳＦじみているとしか思えません。

もっとも、くりこみ理論のほうは、れっきとした物理理論である。

だが、くりこみには、まるでＳＦのような発想の飛躍が必要なのだ。それは、いったい、どのような飛躍なのだろうか。

§ループを回ると無限大？

くりこみというのは、英語では renormalization と書く。リノーマライゼーション。直訳すると「再規格化」である。何を規格しなおすのかというと、反応が起こる確率を規格化するのである。

ファインマン図の見方のところで、素粒子どうしの反応確率（衝突断面積）の概算方法をご紹介した。ＱＥＤ（量子電気力学）の場合、三つの「部品」を適当にくっつけて、「頂点」の数を勘定すればいいのだった。

頂点が１個あれば、反応確率は、おおまかに$\frac{1}{137}$。頂点が２個なら$\frac{1}{137}$の２乗。頂点がn個なら$\frac{1}{137}$のn乗という簡単な計算規則だった。そして、$\frac{1}{137}$というのは、電荷eの２乗なのであった。

マイナスの電荷をもった電子どうしが反発しあうのも、マイナスとプラスの電荷どうしが引き合うのも、量子力学的には、光子のキャッチボールをしているのだと考えることができる。そのキャッチボールの成功確率がeの２乗であり、数値にすると$\frac{1}{137}$ということ。

そして、ファインマン図の一つひとつは、「可能な反応」にすぎず、実際は、すべての可能な反応パターンを足して２乗する必要があった。パターンが複雑になるにつれて全体の反応確率に寄与する割合も小さくなる。つまり、最初の一番シンプルなファインマン図が一番おおまかな近似値であって、それに次々と小さな補正を加えていって、徐々に真の値に近づくというわけだ。ちょうど、円周率の近似値が３、3.1、3.14……と徐々に真の値に近づくのと同じ。どんどん小さな補正項を積み重ねてゆく方法を「摂動論」と呼ぶのであった。

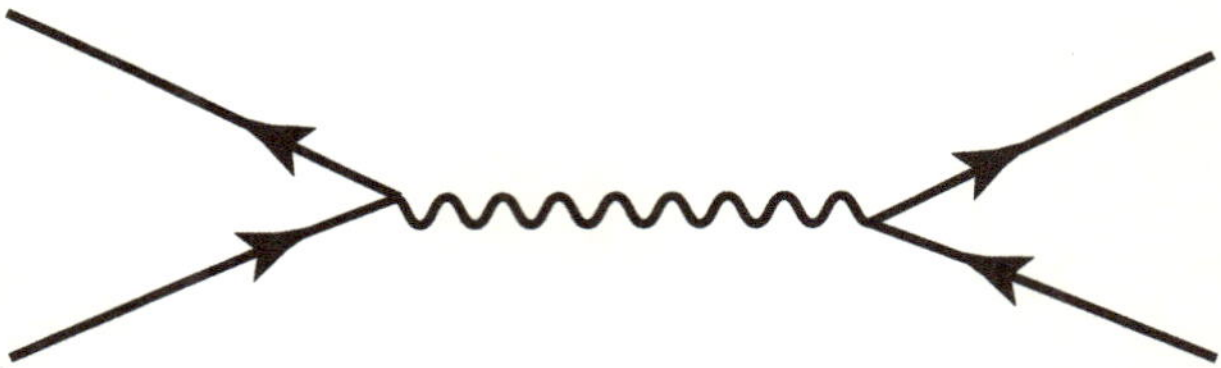

摂動の第一項の図

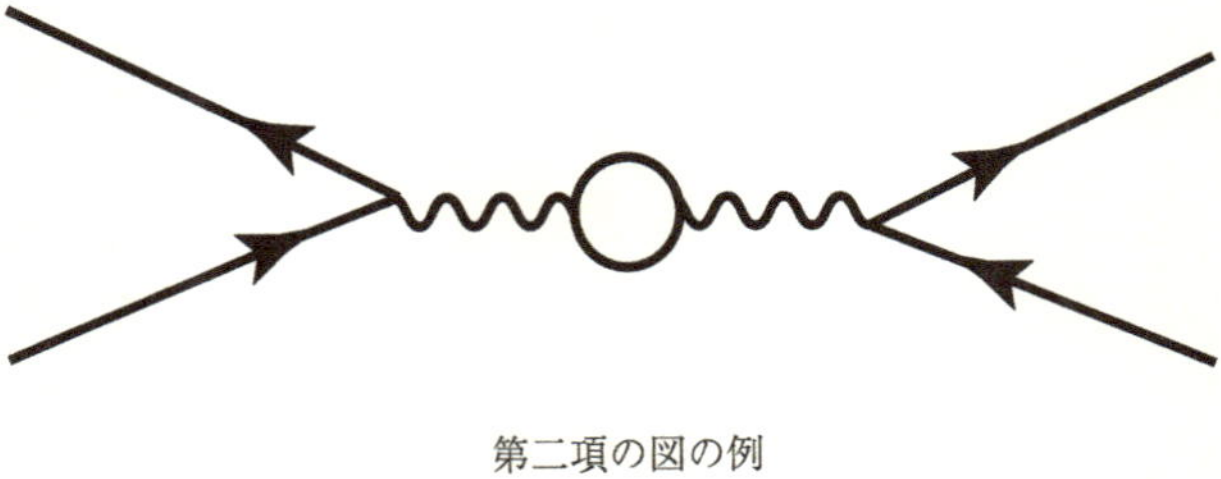

第二項の図の例

図46　くりこみとファインマン図

もう一度、ファインマン図の足し算の図をご覧いただきたい（図46）。

二番目のファインマン図は、電子と陽電子がぶつかって、途中で仮想光子になるものの、仮想光子が、さらに仮想電子と陽電子のペアに化けるという複雑なプロセスをあらわしている。これが「真空偏極」だ。

ここまでは復習。

さて、いよいよ、くりこみ理論の核心部分に迫ることにする。

実は、今までの解説には、一つだけ大きな嘘があった。

「なんたることだ。科学書の解説で一度ならず二度までも嘘をつくとは、とんでもない奴だ！」

そんな読者の罵声が飛ぶ前に、言い訳をしておくと、知的な遊戯には謎とどんでん返しが必要なので、ちょっとずるいほうが楽しめるということ。どうか、さらりと受け流していただきたい。

その嘘というのが、実は、くりこみの問題と直結している。

嘘　真空偏極の反応確率は$\frac{1}{137}$の４乗

本当　真空偏極の反応確率は無限大になる

真空偏極は「ループ」（輪っか）になっている。このループがくせ者なのだ。なぜなら、物理学で一番大切な法則に「運動量保存の法則」というのがあるわけで、ファインマン図の場合でも成り立っている。

運動量保存の法則　入ってくる運動量qと出ていく運動量qは等しい

つまり、最初にぶつかる電子と陽電子の総運動量は、途中で仮想光子になろうが真空偏極になろうが、つねに保存されている。

運動量というのがわかりにくい人は、雨樋《あまどい》を思い浮かべて欲しい。雨樋は屋根から伝わってきた雨水を受ける。途中で一ヵ所に集めて、軒下や下水へと水を流すようになっている。そして、当たり前の話だが、出ていく水の量は、入ってきた水の量と同じである。今の場合、水量のかわりに運動量というわけ。

しかし……である。水量と運動量とは、似ている点とちがう点がある。

まず、似ている点。

真空偏極はループになっているので、**図47**のように、運動量pと運動量（$q-p$）に分かれることができる。

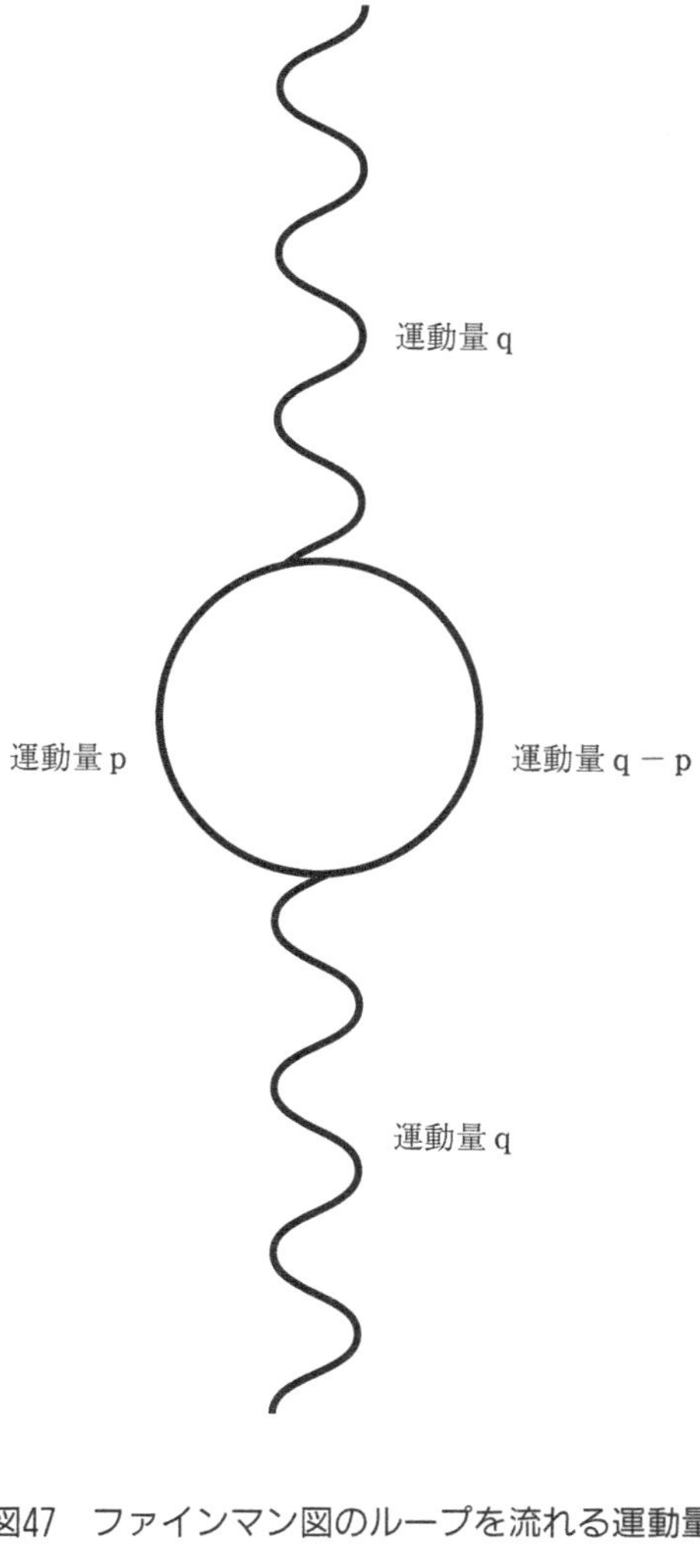

図47　ファインマン図のループを流れる運動量

次に、違う点。

運動量はプラスとは限らずマイナスになることもできる。

いいですか？　運動量保存の法則というのは、ようするに、つねに運動量の総和が最初と同じqになっていればいいということ。だが、ループになっていると、片方がpで、もう片方が（$q-p$）なら、総和はqになる。つまり、pはどんな値でもとることができてしまう。pのほうがqよりも大きくて、（$q-p$）がマイナスになってもかまわない。

ちょっと、わかりにくいですか？　お金の比喩で説明しましょう。

最初に、お金をq円もっているとする。それを同じ銀行の二つの銀行口座に分けて預金する。ただし、この口座は便利この上なく、預金の総額さえプラスならば、片方の口座はマイナスになってもいいことになっている。だから、

口座１　預金高　p
口座２　預金高　$q-p$

と分けることが可能だ。最初のqが1万円だとして、pが１００万円だとすれば、口座１にはプラス１００万円、口座2にはマイナス99万円（99万円の借り入れ）ということになる。二つの

口座の総額は元の1万円のまま。

まあ、これは極端な例だが、実際の経済活動では、こんなことはよくある。

雨樋も銀行口座も、あくまでも比喩だが、なんとなく、イメージがつかめたのではありませんか？

さて、真空偏極のループは、ようするに、どんな値でも構わないような p が回っているのだが、実のところ、p の値は決まっているのだろうか？

いや、この問いに対する答えはノーなのです。p は、どんな値でもとることができる。だから、あらゆる p の値について足してやらないといけない。p は連続的な値をとるので、足すといっても、正確には積分することになる。

これは、量子力学に特有の考え方だ。観測できない物理量は、あらゆる値をとる可能性がある。だから、そのあらゆる可能性を尽くすために足してやるのである。（これは、ちょっと正確ではないかもしれない。こう説明している教科書があるし、これでもいいのだが、文句がくるといけないので、「通」の方々のために補足しておく。これは、むろん、「フーリエ変換」をやっているから運動量の積分が出てきたのである）

さて、ループを流れる運動量のあらゆる可能性について積分するとき、当然、p がゼロの場合から p が無限大の場合まで含めて積分することになる。だって、p は連続的にどのような値をとってもかまわないからだ。その結果、ループの入ったファインマン図は「発散」してしまうのだ。発散というのは積分が無限大になること。

いやあ、困りました。

ファインマン図は、反応確率を計算するためのもので、おまけに摂動論なのだから、次々と小さな補正項を計算してゆくことによって、精度を高めていかなくてはならない。だから、補正項は、第一近似の項と比べて小さくなくてはいけない。

天体の軌道計算の場合、第一近似は、太陽だけを考えて、補正項として、他の惑星を考慮してゆくのであった。惑星の質量と太陽の質量の比は、ものすごく小さいので、補正項も小さくなって摂動計算がうまくゆく。

ところが、同じ摂動計算なのに、電子と陽電子がぶつかる計算では、なんと、補正項のほうが第一近似よりも大きくなってしまう。いや、大きいどころの話ではない。補正項が無限大に発散するのである。

世の中にいろいろな物理理論があるが、これほど馬鹿げた状況も珍しい。まさに大失敗である。だが、あまりにも馬鹿げているために、この状況は、救うことができるのである……。

§くりこみとはなんぞや？

物理学をやっていると、面白い標語に出会うことがある。なかでも、僕の好きなのは、
「とことんクレージーでなくては本物とはいえない」
というものだ。たしか出典はファインマンの先生のジョン・アーチボルド・ウィーラーだったかと思う。

生半可なクレージーさは、単なるまちがいに終わることが多いが、とことんクレージーなアイディアならば、成功する可能性がある、というような意味合いである。もちろん、クレージーは、いい意味で用いられている。

補正項が第一近似よりも大きいだけだったら、もしかして、単なる失敗に終わっていたかもしれない。だが、今の場合、ループ計算は、単に大きいだけではない。発散するのである。大きさが無限大なのである。これは、ホィーラーの言う、「とことんクレージーなアイディア」で救うことができる状況ではあるまいか？

そのアイディアこそが、本書のテーマになっている「くりこみ」の手法なのである。

くりこみについて説明するために、まず、ニュートンの古典力学を引き合いに出そう。誰でも知っている落下距離の公式である。

ニュートンの公式　$x=\frac{1}{2}gt^2$

落下距離は時間の2乗に比例する。gは重力加速度である。

この公式は、落下する物体の重さとは関係ないことに注意してほしい。どんな重さや大きさの物体でも、空気抵抗が無視できるならば、同じ時間に同じ距離だけ落下する。ガリレイの「ピサの斜塔」の実験で有名な力学の問題だ。重い鉄球も軽い羽も同時に地面にぶつかるというわけ。(ただし、空気抵抗があったら話は変わります)

さて、この公式が「理論」だとして、gの値はわからないとする。われわれは、どうすればいいかというと、まず、適当な時間を決めて、実験をおこなう。たとえば、1秒でどれくらい物体が落下するかを測ってみる。すると、

実験結果　$t=1\mathrm{s}$,　$x=4.9\mathrm{m}$

という測定値が得られる。この実験値を公式に代入すると、gの値が求められるわけだ。

gの値　$g=9.8\mathrm{m}/\mathrm{s}^2$

いったん、gの値を求めてしまえば、それ以降は、時間さえ計れば、公式を使ってすぐに距離を計算することができる。

ここで重要なのは、最初に一回、実験をすることによって、重力の相互作用の大きさをあらわすパラメーターgを決定していることだ。このパラメーターは、理論からは出てこない。ニュートンの落下の公式は、距離が時間の2乗に比例することを理論的に教えてくれるが、重力の強さgは実験で決めるよりほかない。

いいでしょうか？　あまり学校ではきちんとやらない点なので、ちょっと確認してみました。

次に、量子場の話に移る。

ファインマン図を描いて、反応確率を計算するわけだが、ニュートンの場合の距離xに相当するのが反応確率Mである。そして、重力の強さgに相当するのが電荷eである。今は量子電気力学をあつかっているため、電荷が電磁相互作用の強さを決めるからだ。

ニュートンの公式と同じようにして、今度はファインマンの公式と呼ぶことにすると、

ファインマンの公式　$M \propto e^2\{1 - e^2 \log\left(\frac{\infty}{E^2}\right)\}$＋さらに小さな補正項

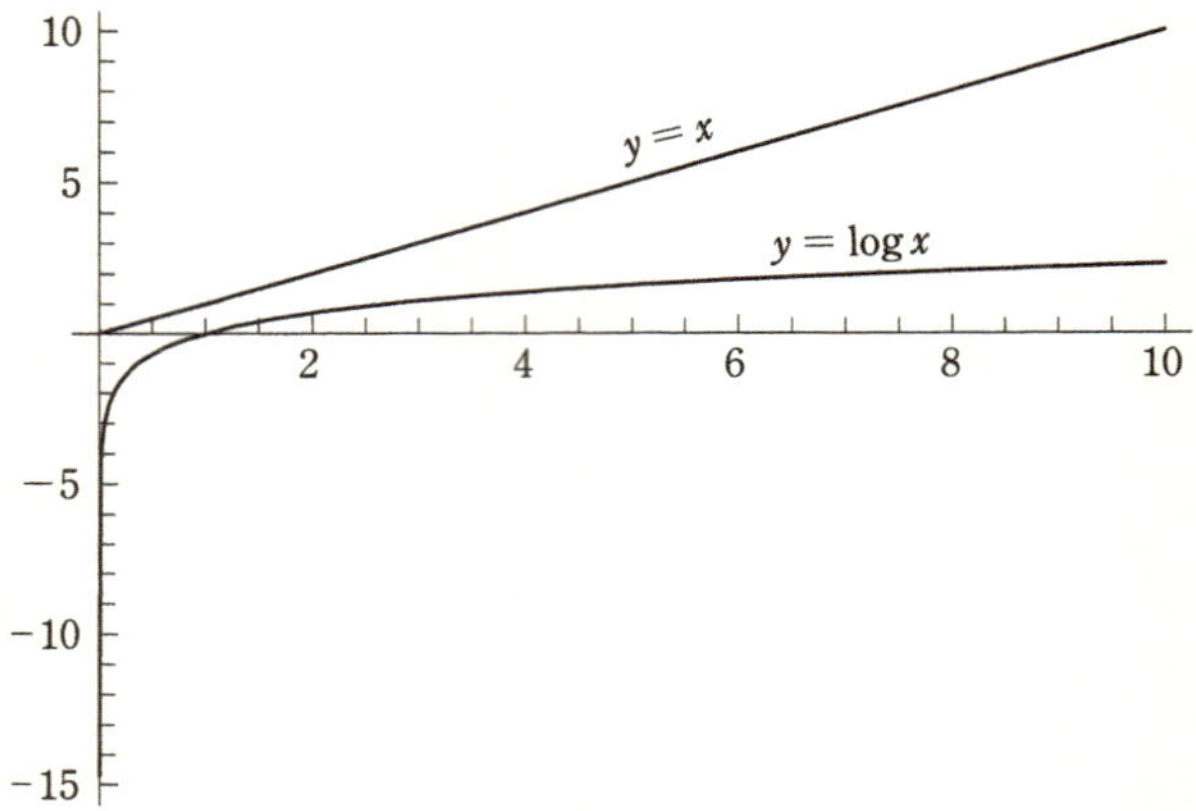

図48

$y=x$ と比べて $y=\log x$ はゆっくりと無限大に近づく

というような形になる。ただし、係数などは省略してあるので、比例記号（∝）を使っている。logは対数である。（計算の詳細は参考文献のくりこみ関係の本をご覧いただきたい）

この式には、いくつか、奇妙な点がある。まず第一に、無限大（∞）が含まれていること。第二に電子のエネルギーEに依存していること。いずれにせよ、この反応確率は無限大になることはあきらかだ。

いや、本当にそうだろうか？

よくミステリー小説で、誰も気がつかない暗黙の前提条件を探偵が指摘して、犯人のアリバイを崩すシーンがあるが、今、われわれはそのような状況に直面している。

ちょっと$\log x$ のグラフを見てみよう（図

48)。

これを見るかぎり、xが無限大ならば、$\log x$も無限大になるようだ。ただし、∞よりも$\log\infty$のほうがゆっくりと無限大になる。数学者は激怒するだろうが、$\log\infty$のほうが∞よりも弱い無限だといってもいい。

　でも、無限であることに変わりはない。

Eは電子のエネルギーである。うん？　ちょっと待てよ。このEをどんどん大きくしていったらどうだろうか？　そう、たしかに、エネルギーが無限大に近づけば、$\frac{\infty}{E^2}$が有限になって、ファインマンの公式自体も有限になる。これが、一つのヒントである。

だが、実際の実験では無限大のエネルギーで電子をぶつけることなどできはしない。

　それでは、いったい、どうすればいいのだろう？

　読者のみなさま、何か、お忘れではありませんか？　もう一度、ニュートンの公式の使い方を思い出していただきたい。最初に、1回、パラメーターのgを決めるために実験をしたでしょう。ファインマンの公式の場合、gではなくて電荷eが実験で決めるべきパラメーターなのだ。

その値は？

　ここまでくると、慧眼な読者は、電荷の無限大と反応確率の無限大を相殺《そうさい》する方法が存在することに気がつかれたことだろう。そう、思い切って発想を百八十度、逆転するのである。まさにコペルニクス的転回である。

そうです。反応確率を有限にするためには、無限大を電荷に「くりこんで」しまえばいいのだ。こんな具合に。

$$e^2_{\text{くりこみ}}=e^2\left(1-e^2\log\left(\frac{\infty}{E^2}\right)\right)$$

つまり、いままでわれわれが測っていた電荷は、eではなく、$e_{\text{くりこみ}}$だったと考えるのだ。中学校で習った素電荷は$e_{\text{くりこみ}}$であり、その値が、

$$e^2_{\text{くりこみ}}=\frac{1}{137}$$

だったのである！

ファインマンの公式も、

ファインマンの公式　$M\propto e^2_{\text{くりこみ}}$＋小さな補正項

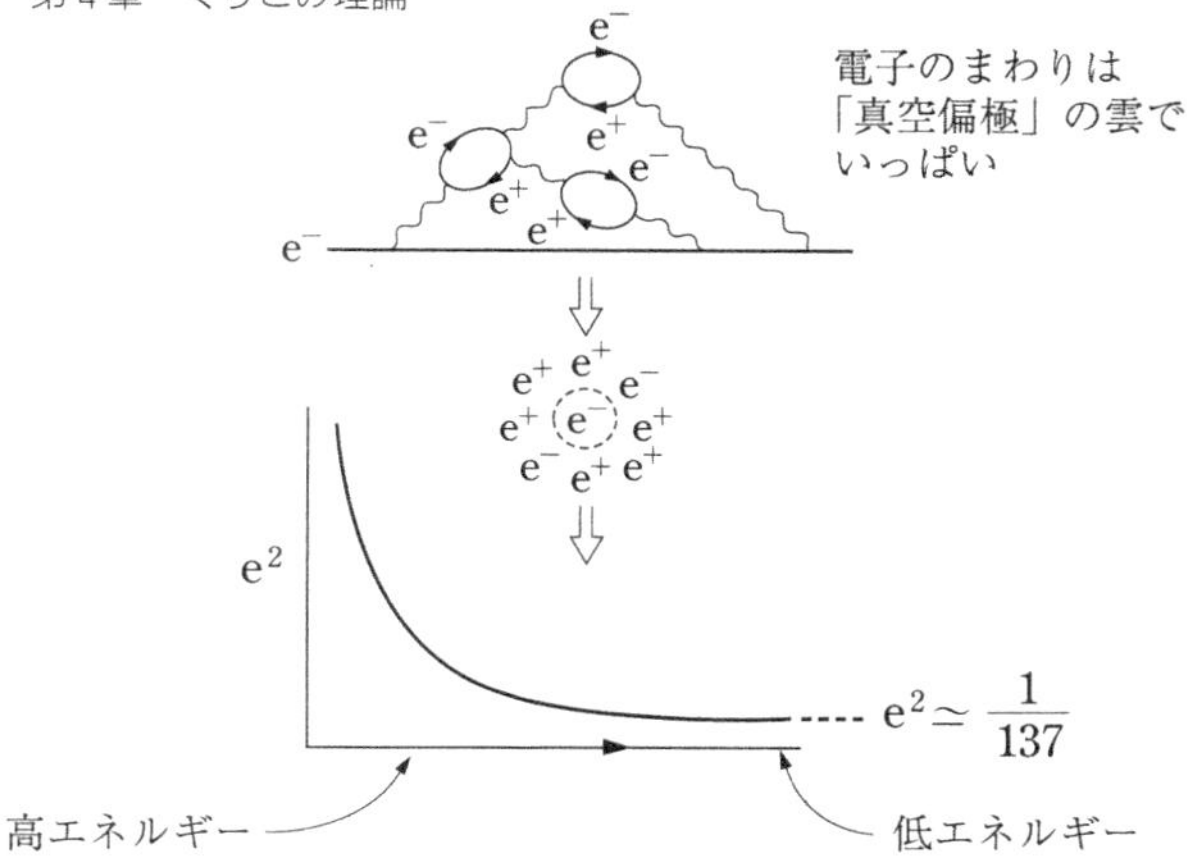

図49
電荷eの値は測定エネルギーによって変化する
図50共『クオークとレプトン』F.ハルツェン，A.D.マーチン著，小林澈郎、広瀬立成訳（培風館）より

となって有限になる。

すみません。読者の頭が混乱しているかもしれない。

もう一度、話を整理してみよう。

ニュートンの公式と同じようにしてファインマンの公式でパラメーターのeを決めようとしたら、無限大に遭遇してしまった。理論計算において、である。

だが、実際の実験では、反応確率は有限なのだ。

そこで、理論に登場する電荷eは、実は、「裸の電荷」であって、それはエネルギー無限大で実験したときの電荷だったのだと考える。ふつうの実験でわれわれが測っているのは、裸のeではなく、「くりこまれた電荷」$e_{\text{くりこみ}}$だったのだ、と発想を転換するわけ。

そうすれば、eの値は、図のようになるのです（図49）。

なんだ、これは？　電荷って定数のはずじゃなかったのか？　どうして、エネルギーによって値が変わるのさ。おまけに、エネルギーが大きくなると電荷は無限大に発散して、エネルギーが小さいと、$\frac{1}{137}$になるらしい。

実は、「電荷は定数である」というのが暗黙の前提だったのだ。みんな、それがあたりまえだと思っていた。ところが、実際は、「電荷は測るエネルギーによって変わる」のです。

理論に出てくる裸の電荷は、無限大のエネルギーをかけて実験したときの電荷だったのだ。そして、ふつうのエネルギーでわれわれが観測しているのは、くりこまれた電荷だったのだ。

つまり、理論計算で発散、発散と大騒ぎをしていたのは、電荷がエネルギーのスケールによって変わることを知らないで、定数だと思い込んでいたからなのだ。

あれ？　これは、前に出てきた巨大アリやカブトムシと同じ状況ではあるまいか？

そうなのです。ある物理量のスケールを変えるとき、他のさまざまな物理量のスケールがどうなるかを考えないと、まちがった結論に達してしまいます。

今の場合、理論計算に没頭していた物理学者たちは、最初、エネルギーのスケールによって電荷の値も変わるのだということに気づかなかったわけ。でも、そこに気づけば、うまくスケール変化を加味してやることによって、ちゃんと有限で実験と合う結果が出る。

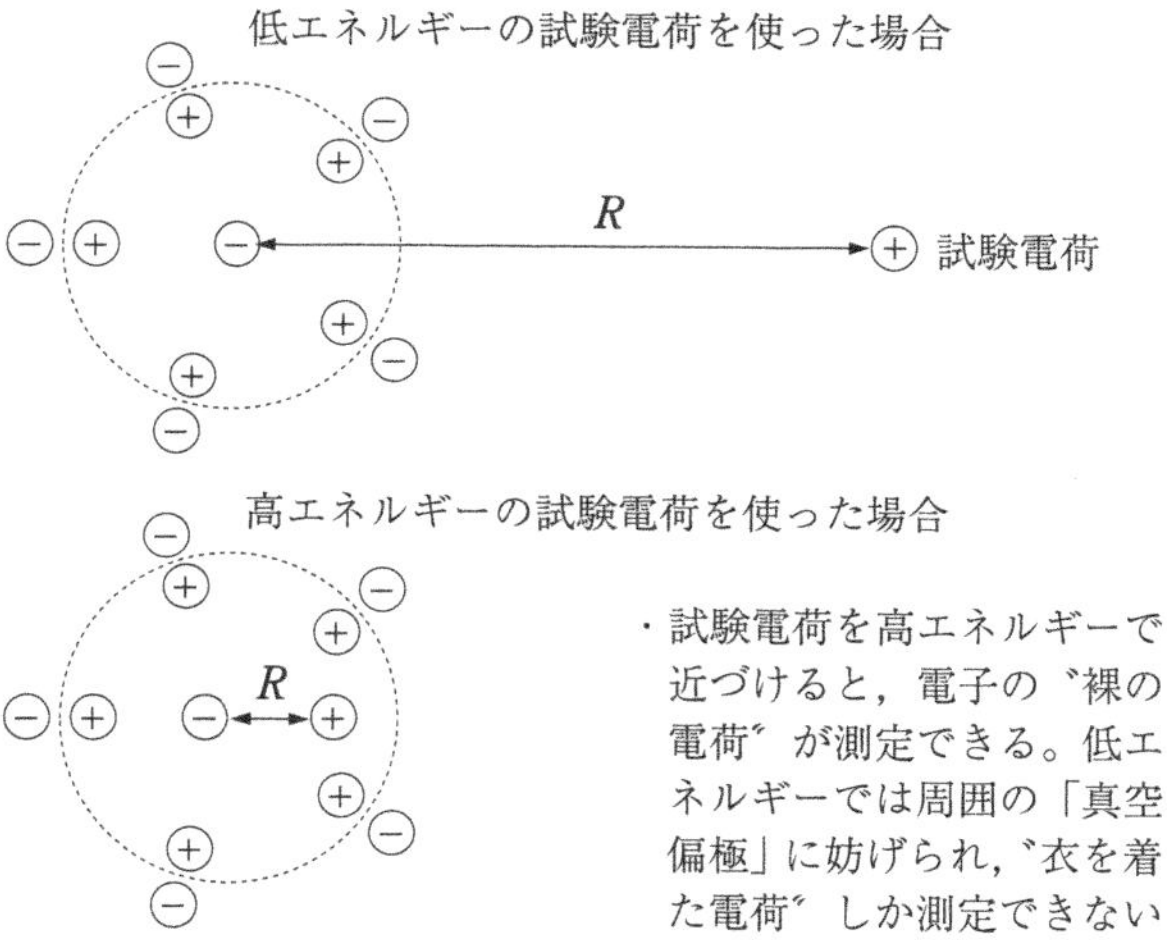
低エネルギーの試験電荷を使った場合
R
試験電荷
高エネルギーの試験電荷を使った場合
R
・試験電荷を高エネルギーで近づけると，電子の〝裸の電荷〟が測定できる。低エネルギーでは周囲の「真空偏極」に妨げられ，〝衣を着た電荷〟しか測定できない

図50　スクリーニング

　という具合に、無限になるのは反応確率ではなかった。裸の電荷だけが無限大だったわけ。

　うーむ、わかりにくい読者は、こんなふうに考えてみてください。

「理論計算の無限大を電荷のほうにくりこんでしまったので反応確率は有限になった」

　ただ、こう考えると、まるで人間が計算技巧によってズルをしたような印象が残るので、僕としては、やはり、

「反応確率は、一見、無限大になるようだが、実は裸の電荷eが無限大だと考えると、無限大どうし相殺しあって、反応確率は有限

になる」
と考えることにしたい。

どうでしょう？　無限大を電荷にくりこんでしまったわけです。

なんだか、うまくいくようでもあり、インチキ臭いようでもある。

だが、これは、図50のような絵を描いてみると、納得できるのだ。

真空には何も存在しないわけではない。前にも言ったが、ゼロはただのゼロとはかぎらない。＋1－1＝0だからである。ダイナミックなゼロというのもある。それが量子場の真空であり、プラスの電荷とマイナスの電荷が生成と消滅をくり返している。

マイナスの電荷を考えよう。この周囲では真空偏極がおこって、プラスとマイナスの電荷がうじゃうじゃ存在する。だが、真ん中のマイナスの電荷に引き寄せられるため、周囲の偏極は、マイナスの電荷のほうが外側になって、内側はプラスの電荷が集まる。

さて、これは、いわば、本物のマイナス電荷の周囲に電荷の「雲」があるような感じだ。そして、遠くから真ん中の電荷の大きさを測ろうとすると、周囲の雲にさえぎられて、電荷の大きさは小さめに観測される。それが、小さなエネルギーで測った電荷の値であり、

$$e^2_{\text{くりこみ}} = \frac{1}{137}$$

なのだ。

そして、大きなエネルギーで測った場合は、雲の中まで分け入ることができて、裸の電荷を見ることができる。その裸の電荷の値は、実は、

$$e^2 = \infty$$

となる。

ふだん、われわれが観測している電荷は、だから、くりこまれた電荷なのであって、周囲の雲の影響をすべて考慮した弱められた値になっている。これは、遮蔽《しゃへい》効果なのであって、「スクリーニング」と呼ばれている。

われわれは、いつも、スクリーンを通して美女のシルエットだけを垣間見ている。そんな感じかもしれない。

第5章

アインシュタインの重力と指南車

古典場の機械論的なイメージはマックスウェルの歯車やバネであった。それが量子場になるとファインマンによる量子のダンスにとってかわられた。だが、古典場にせよ、量子場にせよ、場が空間の中にあることに変わりはない。

ところが、アインシュタインが考えた重力場では、場と空間の区別が消失してしまうのだ。

この章では、指南車を使って、目に見えない重力場を測定する方法を伝授いたしましょう。

§万有引力から重力場へ

クーロンの法則が遠隔作用でマックスウェルの方程式が近接作用だということをご紹介した。

重力の場合は、同じように、ニュートンの法則が遠隔作用でアインシュタインの方程式が近接作用ということになる。

というよりも、クーロンはニュートンの法則と同じ形で自分の法則を書き表したのだろうし、アインシュタインはマックスウェル方程式からインスピレーションを得たということだ。

マックスウェルは、ファラデーへの手紙の中で、「あくまでも私見であるが」と断ったうえで、次のように述べている。

> 斥力を重力線と結びつけなくてはならないかもしれない、というアイディアは、私が反対する見解から、どれくらい離れなくてはいけないかもしれないかを示している。（竹内訳）

「私が反対する見解」とは、もちろん、遠隔作用説のこと。ここで「重力線」（lines of gravitation-force）は、ファラデーの磁力線からの類推だと思う。どうやら、電磁気学の方程式を書き下す前のマックスウェルの頭の中には、クーロンの法則を排してファラデーの力線でおきかえ、ニュートンの法則をやめて力線でおきかえよう、という壮大な計画があったようだ。そして、自分は、その前半部分を完成したというわけである。だが、ニュートンの万有引力の法則に代わるべき近接作用の方程式は、１８７９年のマックスウェルの死後、三十数年たって、１９１

6年に登場したアインシュタインの一般相対性理論を待たねばならない。

ちなみに、これは奇妙な歴史の偶然だが、マックスウェルがあの世に旅だった同じ年にアインシュタインが産声をあげている。

アインシュタインは、一般相対性理論を思いついた瞬間のことを、後年、次のように記している。

そのとき、次のような形で「私の生涯で最も素晴らしい考え」が浮かんだ。重力場は、磁気電気誘導によって生じる電場に類似して、相対的存在にすぎない。

(『神は老獪にして…』アブラハム・パイス著、西島和彦監訳、金子務、岡村浩、太田忠之、中澤宣也訳、産業図書、２３０頁)

アインシュタインの頭の中には、クーロンからマックスウェル方程式へ、そして、ニュートンからアインシュタイン方程式へ、という遠隔作用から近接作用への革命の構図があったわけである。

さて、アインシュタインの有名な、

$$E = mc^2$$

という式は、特殊相対性理論から出てくるもので、ここでいうアインシュタイン方程式とは別ものである。特殊相対論は、等速度で運動している系どうしの関係を扱っているため、特殊な状況にしか適用できない。それに対して、一般相対論は、等速度でない運動状態にある系にも適用できる一般的な理論なのである。たとえば、等速ではなく加速度をともなった運動も記述することができる。

さて、この本は相対性理論の教科書というわけではないので、重力場についても的を絞らないといけない。僕が考えるに、いろいろなことをごちゃごちゃ書くよりも、この際、細かい点は省略して、アインシュタイン方程式についての直観的な理解をめざすほうが効率がいいのではなかろうか。

と、勝手に決めてしまって、マックスウェルの方程式のところと同じように、アインシュタイン方程式を真に理解することに挑戦しよう。ただし、アインシュタイン方程式は大物である。いきなり数式の解説をするのでは、巨大風車に突撃するドンキホーテみたいになってしまうから、ちょっくら準備が必要です。

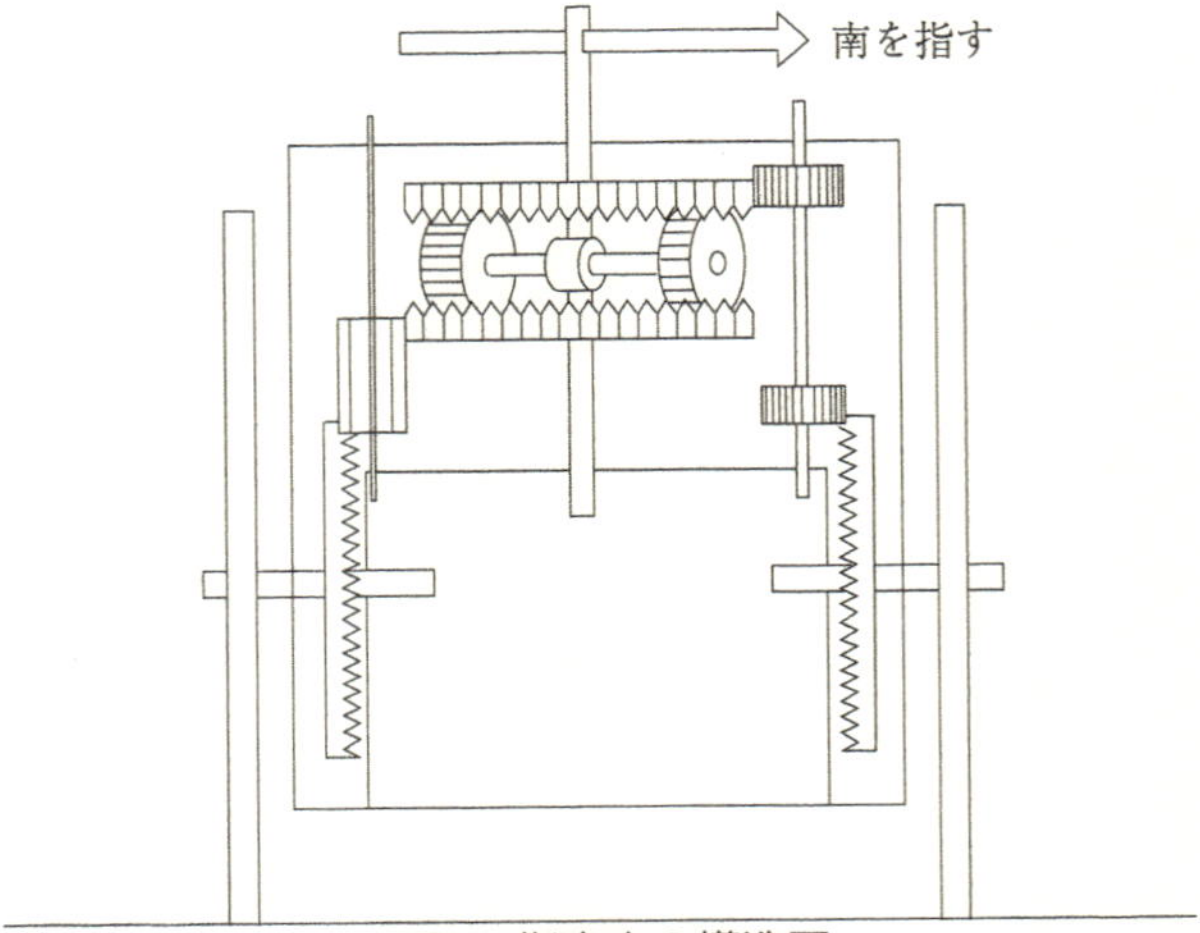

図51　指南車の構造図

『A Short Course in General Relativity』J.Foster and J.D. Nightingale（Springer）より

§中国のからくり機械

指南車という言葉をご存じだろうか？

古代中国の文献に出てくる幻の車のこと。なんでも、黄帝軒轅《けんえん》が蚩尤《しゆう》と戦ったとき、蚩尤は霧にまぎれて逃げようとしたが、黄帝は指南車をもっていたので、方向を違わずに敵をとらえたのだという。『宋史』には、

仙人車雖転而手常南指

とあるそうな。僕は漢文はよくわからないが、なんとなく、意味は理解できる。ようするに、仙人は車がどのように回転しても常に南をゆび指す……ということだろう。仙人は、お祭りの山車《だし》の上の仙人像らしい。

指南車は、磁石を使わない。歯車式の機械

なのである。いわゆる「からくり」の一種であり、常に一定の方向を指し続けるのである。そんなこと可能なのかと思われるかもしれないが、僕は、インターネットで復元模型をみつけてしまった。愛知県立豊橋工業高校の文化祭で復元模型がつくられたそうである。

それは、こんな形をしている（図51）。

これは、ランチェスターという人が１９４７年に造った実験模型の設計図で、ストックホルム国立科学技術博物館に展示されているらしい。

さきほどから、そうな、とか、らしい、などと連発しているが、それもそのはず、石田正治さんのホームページ（http://www.tcp-ip.or.jp/~ishida96/）が情報源なのである。僕が思わず納得してしまったのは、次のようなくだりである。

> また、指南車の差動原理を反対に応用したものが自動車のデファレンシャルギヤ（差動歯車）である。こちらは、自動車が曲がろうとするとき、エンジンの回転は一定であるにもかかわらず、差動歯車の働きによって左右の車輪の回転数は変化する。外側の車輪は早く回転し、内側の車輪はゆっくりと回転して、自動車は滑らかに曲がることができるのである。指南車の差動機構が両車輪の回転数の差を積分するのに対し、自動車の差動機構は、両車輪の回転数の和を積分してエンジンの回転数としているのである。

そうか、そうだったのか。外輪と内輪が滑らないように回転数を調節することができるのなら、その逆に、外輪と内輪の回転数の差から、車の回転角度をはじき出すような歯車の組み合わせもあるにちがいない。それが指南車というわけ。

§空間が曲がっているとどうなるか

それにしても、どうして、中国のからくり機械が重力場と関係あるのさ。いくらなんでも、脱線のしすぎではないのか。

いいえ、この話、フォスターとナイチンゲールという人の書いた『一般相対性理論短講』(A Short Course in General Relativity, J.Foster and J.D.Nightingale, Springer)というれっきとした教科書の付録に出ているので、ご紹介しようというわけ。もっとも、そこでは、「ベクトルの平行移動」を具体的におこなう機械の例として出ているだけで、指南車の歴史などは書かれていない。

さて、アインシュタインの考えは、一言でまとめると、

空間が曲がっていることが重力場なのだ

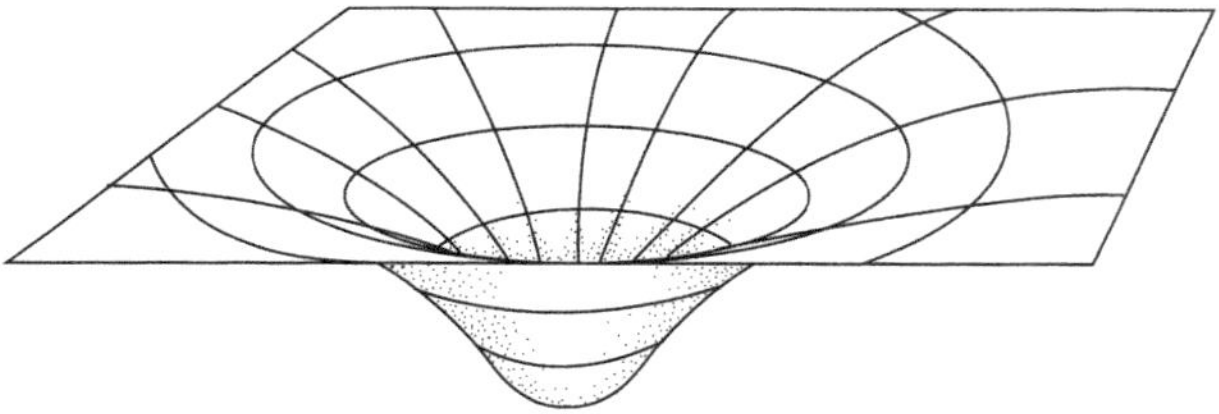

図52　曲がった平面

質量があると空間は歪む

となる。だが、そんなことをいわれても困る。いくら目をこすっても、目の前の空間が曲がっているようすなど微塵もない。だいたい、道が曲がっているとか、荷電粒子が描く軌跡が磁場によって曲げられるとか、地球の軌道が曲がっているとか、目に見える現象は理解できるが、空間は、そもそも目に見えないのだから、それが曲がっているといわれてもねぇ。まるで透明人間の肖像を描くようなもので、途方に暮れてしまいます。

あ、ところが、われわれは、実は、地球の軌道が曲がっているのを見る（知る）ことによって、間接的にではあるが、空間が曲がっている証拠を目撃しているのだ。これは、発想の転換をしないとダメなわけだが、ようするに、地球は真っ直ぐに進もうとしているのに、空間が曲がっているから軌道が楕円になってしまう、と考えるのです。

図52をご覧いただきたい。アリ地獄みたいに平面が窪ん

でいるでしょう（窪んだ3次元空間は描けないので、2次元平面で我慢してください）。窪みの底には大きなビリヤード玉が置いてある。この窪んだ平面にビー玉をころがす。むろん、地球をビー玉にみたてている。

ここで質問です。ビリヤード玉や平面は何をあらわしているのか？

答えは、おおかたの読者の予想どおり、ビリヤード玉は「太陽」で、窪んだ平面は「宇宙」（空間）である。

つまり、空間は、ゴムのように柔らかいのだと考えて、そこに重い玉が乗ると、重さに応じて空間が曲がると考えるわけ。

さて、ビー玉をころがすと、最初の方向と速さをうまく選べば、ビー玉はビリヤード玉の周囲をまわりはじめる。この模型では摩擦抵抗があるので、すぐに窪みに落ち込んで玉はぶつかってしまうが、摩擦を無視すれば、永遠にまわり続けることだろう。もちろん、ビー玉の近辺も少しは窪んでいる。

ここで、ちょっとイマジネーションを飛躍させる。

ビー玉とビリヤード玉をなくしてしまうのである。透明だと考えるのだ。すると、目の前には、不思議な光景が展開しているではないか。平面に大きな窪みと小さな窪みがあって、小さな窪みのほうが大きな窪みのまわりを回転している。つまり、空間の歪みどうしが相互作用してい

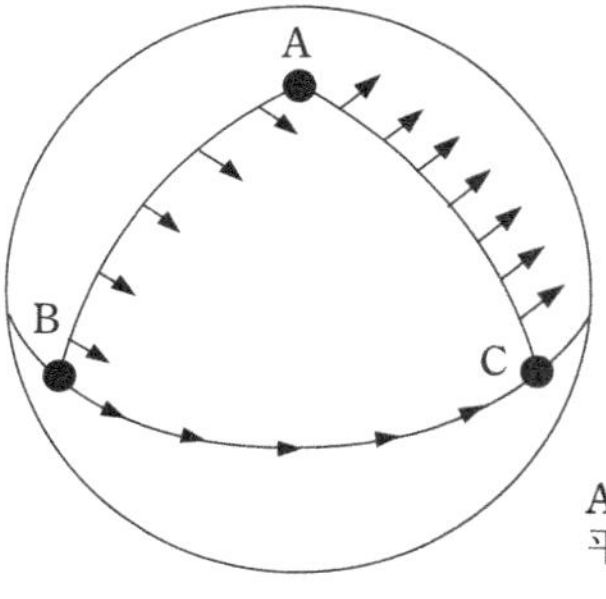

A→B→Cとベクトルを
平行移動させる

図53－1　指南車で地球をぐるりとまわると……

北極から出発した場合

るのである。小さな窪みが遠くに飛び去らない理由は、大きな窪みに引っ張られているからである。そう、引力である。重力である。

　これは、ファラデーやマックスウェルが理想とした考え方だ。そう、場ですべてを説明する試みなのである。おまけに、電磁場の場合は、あくまでも空間の中に電磁場が存在したのだが、アインシュタインの重力場の場合は、驚いたことに、空間そのものが曲がってしまう。ある意味で、空間と場の区別がなくなってしまったのだ。

　さて、次に、窪んでいない平面を用意する。そこに、そーっとビリヤード玉を置いてみる。すると、玉の重みによって、平面が歪みはじめる。じっと目を凝らしていると、その歪みは、玉の真下からはじまって、徐々に周囲へと拡がってゆくのがわかるにちがいない。これが、重力「場」である。近接作用によって、空間の歪みが伝播してゆくのだ。

今度は、この平面が地球儀のように球になっているとしよう。そして、一つの実験をする。図53-1のように、指南車を使って、この球の「北極」から出発して、「赤道」にあたったら、左に曲がって、赤道の4分の1を走ったら、ふたたび左に曲がって、北極に帰ってくるのである。

これは、ちょうど、西瓜《すいか》を切り分けて8等分した部分にあたる。

え？　なにコレ？　いったい何の実験なのだろう。指南車は常に一定方向を指すようにつくられているのだから、仙人は、最初から最後まで南を指し続けているだろうに。

ここで、アッと驚かない人は、すでに一般相対論の勉強をしたことがある人にちがいない。そうでなくて驚かない人は、図をきちんと見ていないにちがいない。

ね？　どうですか？　最初も最後も確かに仙人は南の方角を指している。だが、最初と最後で、指す方向は90度もズレているではないか！

指南車が壊れているのか？　いや、そんなことはありません。差分式の歯車は、ちゃんとうまくはたらいている。

ごめんなさい。この例は、北極から出発したので、ちょっと混乱するかもしれない。なぜなら、北極においては、どの方角を向いても「南」になるのだから……。

ちょっと悪ふざけがすぎたようだ。

もう一度、ちゃんとやりましょう。

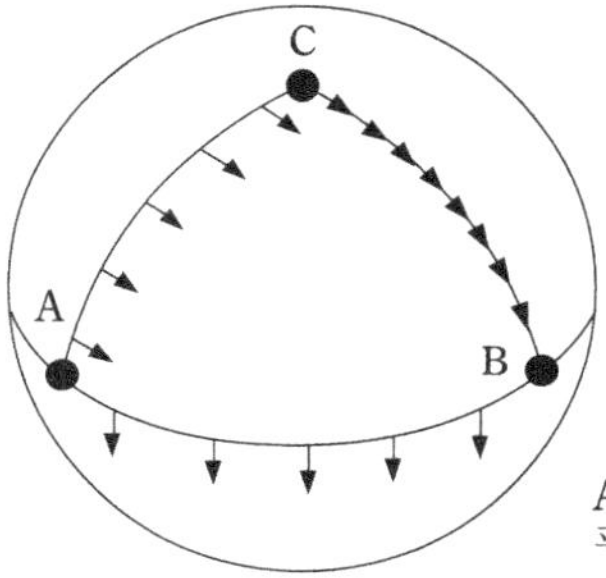

A→B→Cとベクトルを
平行移動させる

図53-2　指南車で地球をぐるりとまわると……
赤道から出発した場合

今度は、「赤道」Aから出発する（図53-2）。指南車の仙人は出発点では、たしかに南を指している。そして、さきほどと同じように、球の8分の1をぐるりとまわって帰ってくる。すると、今度は、仙人が「東」を指していることがおわかりだろう。

そう、球の上で指南車を走らせると、球の8分の1をぐるりとまわって帰ってきたとき、仙人の指す方向が90度ズレてしまうのだ。

なぜか？

それは、空間が曲がっているからである。

§ベクトルの平行移動

指南車は平地では常に同じ方向を指し続ける。地球の表面は曲がっているが、実際に指南車を移動させる範囲など、たかが知れている。だから、近似的に平らな平面だと考えていい。

指南車は、数学的には、ベクトルの平行移動にあたる。ベクトルの矢印は、仙人の指している方向を向いている。平らな空間ならば、車輪が空回りしないかぎり、からくりはうまくゆく。

一つだけ確認しておきたい。

ベクトルを平行移動させるということは、指南車のように常に地に足をつけて角度がズレないように気をつけながら移動させるということだ。だが、そうやって細心の注意を払ってベクトルを平行移動させたにもかかわらず、肝心の地面が曲がっていたのでは、一まわりしてきたベクトルは「平行」にならない。

ちょっと頭がこんがらかるかもしれない。それは、「平行」という言葉がもたらす混乱である。読者の頭の中には、

「それなら、地面が曲がっていても平行に移動させる方法を探せばいいじゃないか。機械仕掛けのからくりなんぞ使わずに磁石をつかえばいいだろう」

という考えが浮かんでいるかもしれない。

だが、話は逆なのだ。

ここで問題にしているのは、重力なのであって、電磁気の助けを借りるわけにはいかない。磁石を使ったのでは、電磁気学的には「平行」かもしれないが、重力的には「平行」だとはいえない。重力が空間の性質なのであれば、空間に密着してベクトルを平行移動させる以外に方法はな

い。

いいですか？　最初と最後のベクトルの向きが合うから平行なのではない。そうではなくて、無限小の距離を移動したときに常にベクトルが平行になるように微調整を続けるのが平行移動なのだ。だから、指南車こそがベクトルの平行移動の定義なのだ。いいかえると、空間が平坦だということを確認しながら少しずつ指南車を動かすことが平行移動なのである。

指南車のまわりの狭い領域では、常に空間は平坦であるように見える。局所的には空間は平らなのだ。だが、長距離を移動すると、空間が平らでないことが判明する。そして、空間が平坦からズレている度合いをあらわすのが指南車の仙人の指す方角のズレなのである。

ベクトルの平行移動の「平行」は、だから、空間が平坦なときの「平行」なのである。空間が平坦なら平行に移動される。それと同じような仕方で（指南車を使って）曲がった空間でベクトルを移動すると、角度がズレてしまう。そのズレが、空間の曲がっている度合いをあらわすわけ。

ダイアローグ　2次元でない場合

玲子「2次元の平面が曲がっているかどうかは、指南車で走り回ってみればわかるわけね」

竹内「ああ」

玲子「でも、私たちは3次元空間の中に住んでいるんでしょう。3次元空間の中で指南車をどうやって使うの？　空飛ぶ指南車とか？」

竹内「(爆)」

玲子「その(爆)とかいうのやめなさいよ、いい歳してみっともない」

竹内「いやいや、空飛ぶ指南車って想像したら、つい……ええと、3次元空間では、指南車のかわりにジャイロスコープを使えばいい」

玲子「船の羅針盤みたいなやつ？」

竹内「そう、宇宙船や衛星なんかにも積まれているよね。コマみたいな恰好したやつ」

玲子「空間で常に一つの方向を指し続ける機械ね」

竹内「そう、空間が平坦ならね。ジャイロスコープの指す方向がベクトルの方向だ」

玲子「地球を一周して戻ってきたジャイロスコープの向きのズレを測れば空間が曲がっていることがわかる……？」

竹内「ミレニアム記念にスペースシャトルで実験がおこなわれるという話を聞いたけどね」

玲子「一般の人に実験の意義を説明するの、大変じゃないかしら」

竹内「空間においてベクトルを平行移動させたら平行でないことを検出するための実験……この本を読んでいない一般人には理解不能だろう」

―玲子「(爆)」

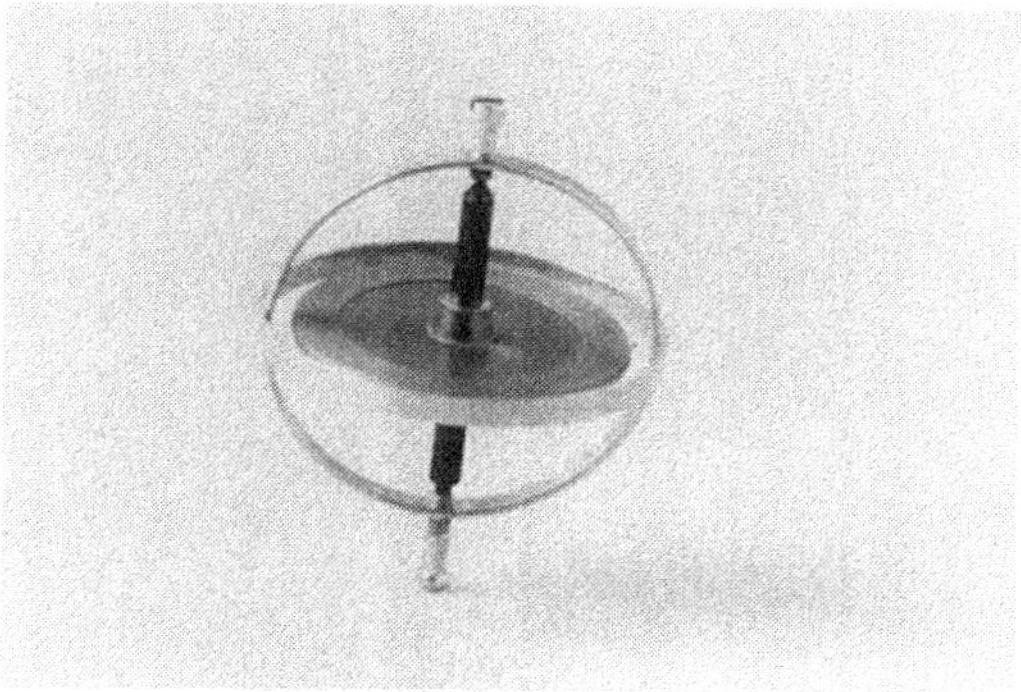

図54　ジャイロスコープ

§アインシュタイン方程式の左辺

指南車の例でベクトルの平行移動を説明した。しつこいようだが、それは、比喩ではなくて、具体的な平行移動の方法なのだ。ただし、2次元平面にしか使えない。実際の宇宙空間では、指南車のかわりにジャイロスコープを使うことになる（**図54**）。

さて、指南車でみつかった角度のズレは、実は、アインシュタイン方程式の左辺と深く関係している。本当は、ここで指南車の例を数字で示して、アインシュタイン方程式を細かく説明したいところだが、ちょっとできない。さすがの僕でも（?）数式を使わずにアインシュタイン方程式の詳細は解説する勇気がない。

だが、かなり肉薄することは可能だ。

そこで、指南車による角度のズレが空間の曲がり方とどう関係するのか、ガウス曲率というものを計算してみることにする。「曲率」というのは、その名のとおり、曲がっている率のことで、英語では、curvature（カヴァチュア）。カーヴのこと。

計算例　指南車で地球の8分の1をまわって帰ってくるとベクトルは90度ズレている。指南車の経路内の面積は、地球の半径をrとすると、$4\pi r^2 \div 8 = \frac{\pi r^2}{2}$となる（球の表面積は$4\pi r^2$だから）

さて、90度というのはラジアンであらわすと、$\frac{\pi}{2}$である。（360度が2πラジアンだから）ガウスの曲率Rは、

ガウス曲率R＝ズレた角度÷経路内の面積

と定義されるのだが、今の場合、

ガウス曲率$R = \frac{1}{r^2}$

と計算できる。

なんだ、これは。全然、わからないじゃないか。

わからないときは、変数に値を入れてみればいい。

たとえば、ピンポン玉の曲率は、半径を１cmとして、だいたい、１／cm^2となる。

あるいは、地球の場合は、半径が……あれ？　地球を一周すると４万kmなのだから……めんどくさい、半径を約１万kmとして、２乗するから、$\frac{1}{1\text{億}}$／km^2だ。（１kmは１０００ｍで、１ｍは１００cmなので、１kmは10万cm。だから、km^2は10万×10万cm^2で、つまり、１００億cm^2か……）１００億かける１億は１００京《けい》。つまり、地球の曲率は、$\frac{1}{100\text{京}}$／cm^2となって、ピンポン玉の１００京分の１！

どうでもいいことですが、あんまり法外な数なので、ちょっと、数の数え方を復習。

一、十、百、千、万、十万、百万、千万、一億、十億、百億、千億、一兆、十兆、百兆、千兆、一京、十京、百京なり。（実際は、こういう計算はやりません。百万が10の６乗というのを覚えているので、１億km^2は、10の18乗cm^2と暗算で計算する）

すみません、ごちゃごちゃしていて。ようするに、ピンポン玉と比べて、地球は１００京倍も平らだということ。

そりゃそうだ。地球の上にいると、それが「球」であることすら実感するのが難しい。家を建てるときだって、地球の曲率など気にしない。トラック競技で１００ｍを駆けるとき、トラックが本当は地球表面のしなりに合わせて曲がっていることなど誰も気にしない。でも、誰も、ピンポン玉が平らだとは言わない。曲がり具合が１００京倍もちがうのだから、当然のことなのだ。

ということは、指南車で地球の８分の１ではなく、一つの町くらいの大きさをまわってみたら、角度のズレは、どうなるだろうか？　仮に町の総面積を10㎢とすると、地球の８分の１が、だいたい、１億㎢なので、約１０００万分の１。

地球の曲率はどこでも同じだと考えれば、「ズレた角度÷経路内の面積」が同じになるはずなので、

$$x\text{度} \div 10\text{km}^2 = 90\text{度} \div 1\text{億km}^2$$

という一次方程式がなりたつ。だから、町内一周による角度のズレは、

$$\therefore x = 0.000009\text{度}$$

つまり、町を一まわりしても、仙人のゆび指す方角はほとんど変わらないということだ。地球の大きさが実感できるくらい旅をしないと、ズレは検出できない。

ここで、読者から、さらなる疑問が提出されるにちがいない。

「地球の表面はどこでも同じ曲率というのはおかしいではないか。山もあれば谷もある。場所によって曲がり具合はちがうはずだ」

たしかに仰せのとおり。

ガウスの曲率は、全曲率とも呼ばれていて、全体の曲がり方をあらわしている。

もっと細かい曲がり具合をあらわすには、「リッチのテンソル」と呼ばれるものが必要で、空間の各点で異なる値をもっている。テンソルというのは、行列のことだと思ってください。たとえば、地球の表面上の各点は、緯度と経度で指定できる。緯度をθ（テータ）、経度をϕ（ファイ）であらわすことにすると、リッチのテンソルは、

$$\begin{pmatrix} R_{\theta\theta} & R_{\theta\phi} \\ R_{\phi\theta} & R_{\phi\phi} \end{pmatrix}$$

と書くことができる。これは、行列である。もっと専門的には、テンソルという代物である。この細かい曲率が空間の各点で定義されているわけ。これが電磁場の電場Eや磁場Bに相当する重力場なのである。（本当は、さらに細かいリーマンのテンソルというのがあって、それを平均化したものがリッチのテンソルなのだが、数学的すぎるので、ここでは割愛しました。また、実

際の時空は4次元なので、リッチのテンソルも4行4列になる。相対論ファンのみなさま、ごめんなさい）

さて、リッチのテンソルは、空間の各点における曲がり具合をあらわしているのだから、アインシュタイン方程式に出てきてもおかしくない。

実際、一般相対論を考えはじめたとき、アインシュタインは、リッチのテンソルをそのまま方程式の左辺にもってきてみた。

だが、これには、ちょっとした修正が必要だった。それは、方程式の右辺に何が来るかを考えると理解できる。

空間は、物質がなくても、最初から曲がっていることが可能だが、もちろん、物質があれば、その重さによって「たわむ」わけである。物質が空間の曲がり具合に与える影響は、やはり、空間の各点において、次のような行列であらわすことができる。

$$\begin{pmatrix} T_{\theta\theta} & T_{\theta\phi} \\ T_{\phi\theta} & T_{\phi\phi} \end{pmatrix}$$

これは、満員電車に乗ると実感できる量である。満員電車では、からだの表面に垂直な「圧

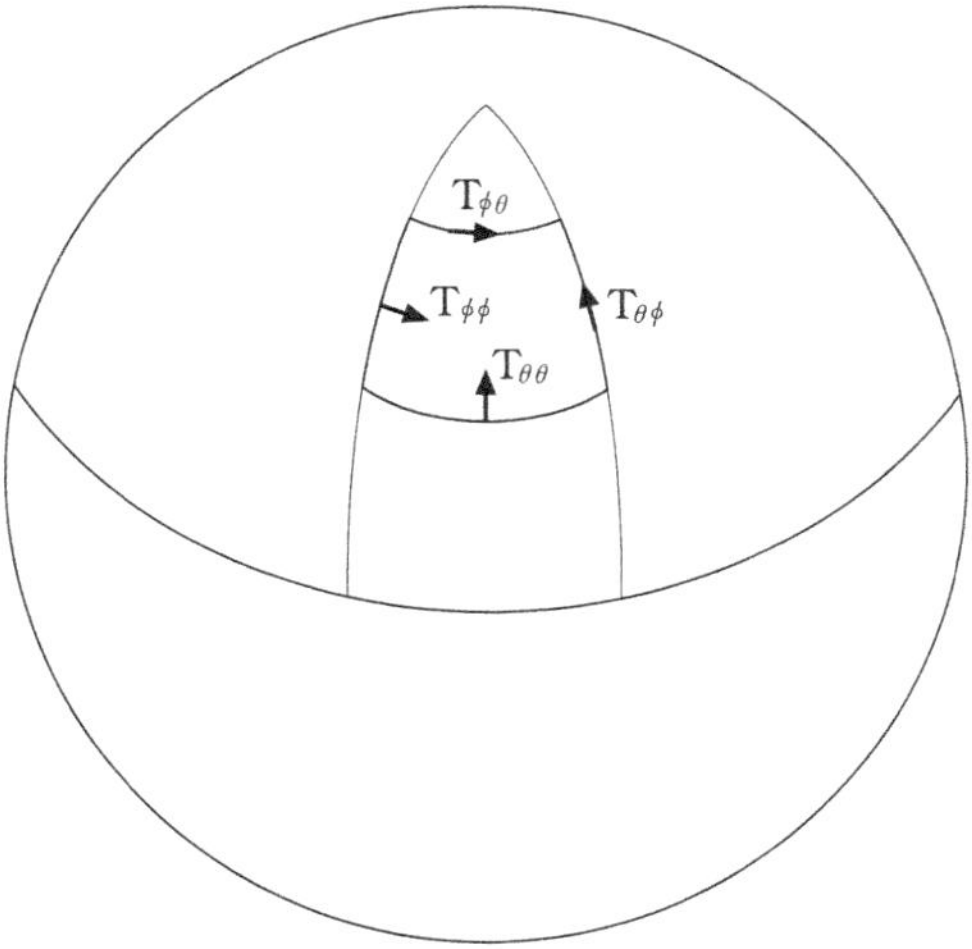

図55　圧力とズレ応力

力」とからだの表面に平行な「ズレ応力」を感じる。

押しくら饅頭のように、ただ、押されるのが「圧力」である。隣の人がからだを回転させて、つられて、自分のからだも回転させられそうになるのが「ズレ応力」である。

今の場合、$T_{\theta\theta}$が緯度に平行な圧力で、$T_{\phi\phi}$が経度に平行な圧力。そして、$T_{\theta\phi}$と$T_{\phi\theta}$がズレ応力となる（図55）。

ちなみに、圧力も応力も一種の「ストレス」なので、英語では、stress tensor（ストレス・テンソル）という言葉を使っている。

マックスウェルの方程式のところで、「発散」とか「回転」という概念が出てきたが、実をいうと、ここでやっているのも、ほとんど同じこと。ただ、大きくちがう点は、マックスウェルの場合は、空間の中に電磁場があったのに対して、アインシュタインの場合は、空間自体が重力場であること。

ここで、アインシュタインの方程式の左辺の修正ができる。それは、右辺に来る物質のはたらきを考えると理解することができる。物質は、はたして、電荷のようなものなのだろうか？ それとも、磁荷のようなものなのだろうか？ つまり、「湧き出し」があるのだろうか、それとも、ないのだろうか。いいかえると、「発散」があるのだろうか、ないのだろうか？

答えは、「発散はない」となる。

何もないところから物質は湧き出てこないということだ。

そこで、右辺に発散がないのだから、当然、左辺のリッチのテンソルも発散があってはいけない。そこで、発散する部分を引いてしまって、ちょっとした修正を加えたもののことをアインシュタインのテンソルと呼んで、RのかわりにGという記号で書く。

最終的に、アインシュタイン方程式は、こんな恰好になる。

$$\begin{pmatrix} G_{\theta\theta} & G_{\theta\phi} \\ G_{\phi\theta} & G_{\phi\phi} \end{pmatrix} = \begin{pmatrix} T_{\theta\theta} & T_{\theta\phi} \\ T_{\phi\theta} & T_{\phi\phi} \end{pmatrix}$$

この方程式の左辺は、空間の幾何学をあらわしている。そして、右辺は、物質の存在をあらわしている。

ここまでくると、ある意味で、マックスウェル方程式にしろ、アインシュタイン方程式にしろ、結局のところ、「発散」とか「回転」という概念ですべてつくられていることに気がつく。つまり、「場」を特徴づけるのに、この二つの概念が重要な役割を演じているのである。そう考えてみると、マックスウェルが、歯車に押し出される変位電流のイメージで電磁場を思い描いたのもむべなるかな、という感じがするし、玉とバネが無限小になって無限個つながっている、というのも納得できるような気がする。

ただし、重力場は、いくつかの点で、電磁場とは大きく異なるのではあるが……。

アインシュタインは、自分の方程式について、

「それを真に理解した人は誰でも、この理論の魔力から逃れることはできない」

（『神は老獪にして…』３２８頁）

と述べている。

§非線形性

線形という言葉は、電磁場や量子場にあてはまるのだが、ようするに、「重ね合わせができる」という意味である。波の山と山が強め合って、山と谷が弱め合うという場合、線形ならば、波の振幅は、ふつうの足し算や引き算ができるのである。

線形は英語のlinear（リニア）であり、これは、「直線状」という意味。たとえば、リニアモーターカーは、電磁石で列車を浮かせて推進するのだが、モーターを回転させるのではなく、直線的に列車を押す（それがリニアモーターというわけ）。

場は、ふつうは線形なのだが、そうでない例外もいくつかある。

たとえば、水の波は、ふつうは線形にあつかっていいが、底が浅い場合は、非線形の方程式を解かないといけない。浅いといっても、波の波長と比べて浅いという意味なので、大洋を伝わる津波なども「浅い」非線形波である。津波の波長は数十キロメートルなのに対して、海の深さは、せいぜい数キロメートルしかないから。

電磁場の場合、遠くへいくと電波が弱くなるでしょう。あるいは、池に石を落としたときにできる波紋も、拡がってゆくにつれて振幅が小さくなる。これは、場が線形だからである。こういうのを「分散」と呼ぶ。

だが、非線形の場合は、振幅が小さくならずに遠くまで波が伝播することがある。その典型的な例が、津波なのだ。

ええと、玉とバネのモデルで説明すると、非線形とは、フックの法則、

$$F = -kx$$

が成り立たない場合にあたる。たとえば、

$$F = -kx - \alpha x^2$$

などという余分な項があらわれたりする。

アインシュタインの重力場は、非線形である。うん？　ということは、遠方の超新星爆発による重力波が「時空の津波」として地球を襲って、あっという間に人類滅亡というシナリオも可能なのか？

いやいや、ご心配めさるな。

重力波は、もともと、とても振幅が小さいのである。だから、重力波をあつかうときは、線形近似といって、非線形の効果を無視しても大丈夫。だから、時空の津波は分散効果によって「時

空のさざ波」としてしか地球には影響を与えない。

実際、重力波は、あまりに弱すぎて、直接検出することには、２０００年９月の時点で、誰も成功していない。

§最近の量子重力

アインシュタインの重力理論は、くりこむことができないことが数学的に証明されている。だから、ファインマン図を使った摂動の方法は使うことができない。
話の順番としては、電磁場の後に量子場がきたように、量子重力がくるはずなのだが、残念ながら、量子重力理論は、いまだ、完成にいたっていない。
もっとも、論文は、たくさん発表されている。１９８０年代に数理物理の世界で一世を風靡《ふうび》した「ひも理論」も量子重力の最右翼である。一時、廃れていたが、最近になって、また、第二次ブームを巻き起こしている。ただし、以前ほどには、一般科学書などで触れられることはないようだ。最初のブームの結果、あまり役に立たないということになって、言葉は悪いが、ひも理論は、狼少年みたいになってしまったからだ。（あの、悪口ではありません。僕は最終的には、今のひも理論の研究が量子重力の完成につながると考えている）
アインシュタインの重力理論の近似としてニュートンの理論が出てくるように、ひも理論の近似として、アインシュタインの理論が出てくる。だから、ひも理論が、来るべき量子重力理論の候補というわけ。

最近のひも理論の発展には、玉とバネや電磁場のところでご紹介した「双対性《そうついせい》」という考え方が重要な役割を演じている。

一つの物理系を記述する際、玉とバネを入れ替えたり、電場と磁場を入れ替えたりしても、本質が変わらない場合を「双対性がある」という。

慧眼な読者は、とっくに推理されているだろうが、くりこみのところに出てきた、「裸の電荷」と「くりこまれた電荷」にも双対性がある。

くりこまれた電荷のほうは、2乗すると$\frac{1}{137}$になって、これがファインマン図の「頂点」の強さに当たるので、「弱結合」と呼ばれる。それに対して、裸の電荷のほうは、大きさが無限大なので、「強結合」の領域と呼ばれている。この領域では、当然のことながら、摂動法は使うことができない。（補正項が第一近似よりも大きくなってしまうから！）

ひも理論の場合にも、弱結合と強結合の双対性があって、バラバラで関係ないと思われていたさまざまなひも理論が、本質的には同じものだということがわかってきている。

エピローグ

電荷の隧道《トンネル》

だんだんと話がＳＦっぽくなってきた。

最近の数理物理学は、いい意味で、ＳＦ化しつつある。もしも、それが現実の宇宙を記述しているのであれば、早い話が、現実こそがフィクションなのだということになる。というより、フィクションとノンフィクションの境界がぼやけている、ということなのかもしれない。

と、話を振っておいて、最後に、電荷の話で幕をひくこととしよう。

電磁場のところで、電場の発散のもとが電荷であるのに対して、磁場の発散のもとが存在しないことを確認した。

また、アインシュタイン方程式の右辺の物質項に発散がないこともご紹介した。

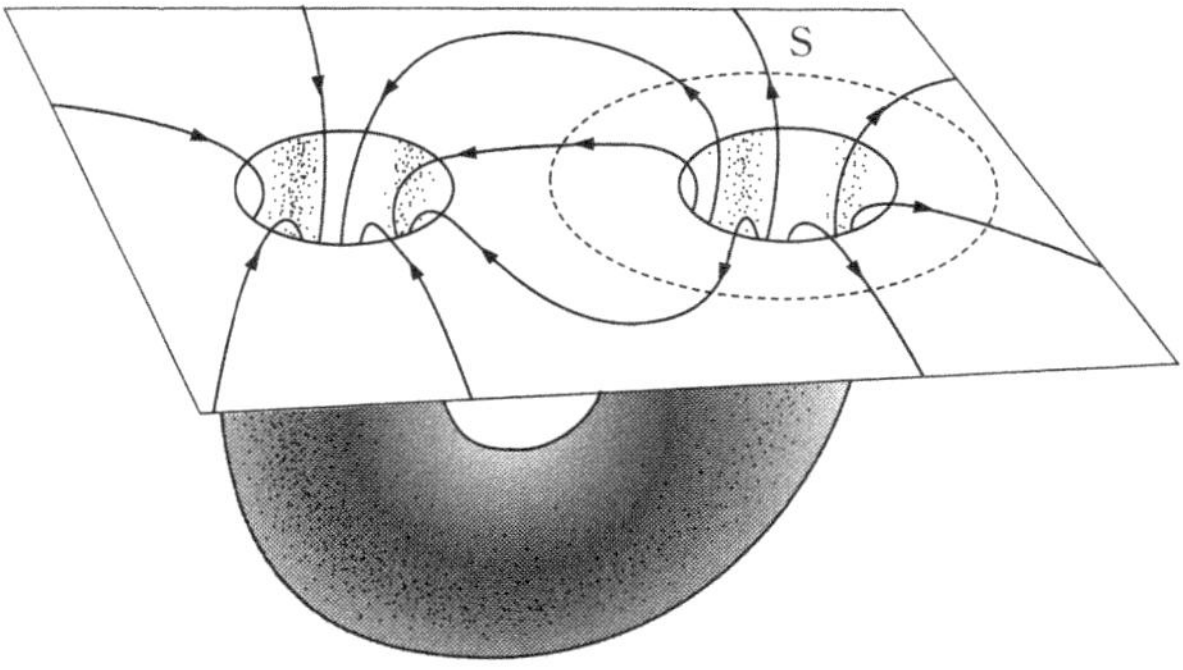

図56　小さなワームホールは「電荷」か？
『Geometrical Methods of Mathematical Physics』
B.Schutz（Cambridge）

そこで、素朴な疑問が生じる。

「なぜ、電荷だけ、発散のもとになっているのだろうか」

うーむ、もっともな疑問だ。

疑問の解決にはならないかもしれないが、ちょっとSF的な解決案をご紹介しましょう（図56）。

図は、ウィーラーという物理学者が考えた「ワームホール」である。これは、電荷をあらわす。ワームホールの中も電気力線が通っているので、入り口は「マイナスの電荷」に見えて、出口は「プラスの電荷」に見えるという寸法。これならば、プラスとマイナスの電荷が常にペアになっているので、正味の湧き出しはなくなる。磁石のN極とS極が分離できないのと同じで、電荷のプラスとマイナスも分離できないというわけ。

だが、世の中の電荷は、やはり、分離しているようにしか見えない。やはり、SFはSFでしかないのか？

もしかしたら、電場と磁場の双対性は、同時に、距離にも効いてくるのかもしれませんな。無限小の距離にあるN極とS極の双対は、無限大の距離にあるプラスの電荷とマイナスの電荷なのかもしれない。目の前にある電子がワームホールの入り口だとすると、それは、遥か彼方《かなた》の宇宙の果てにある陽電子の出口とつながっているのかもしれない……。

あとがき（または悪あがき）

先日、科学教育関係のシンポジウムの席で江崎玲於奈博士にお会いした。博士は、ご存じのとおり、１９７３年度のノーベル物理学賞を受賞され、筑波大学の学長などを歴任された、僕にとっては雲の上の人物だった。僕は、シンポジウムの司会を仰せつかったため、会場の控え室に早めに入ったのだが、驚いたことに、すでに江崎先生は、控え室のソファに腰掛けておられた。

僕は、正直言って、自分のことをチンピラだと思っているし、偉い肩書もないし、実際、いい加減な人生を送ってきた。学者の多くからも「素性の怪しい奴だ」と、白い眼で見られたりする。

だが、江崎先生は、僕の所属や肩書ではなく、中身の人間を見てくれて、別け隔てなく気さくに話をしてくださった。

日本の学者にも、人格者がいるんだなぁ。ちょっと感激しました。江崎先生が、科学や教育の行く末を本気で心配していらっしゃるのをみて、まだまだ、この国も捨てたもんじゃないな、とあきらめかけていた僕もやる気が出た。

さて、ちょっと歴史を振り返ろう。

日本人はじめてのノーベル賞は湯川秀樹博士に与えられた。中間子の理論的な予言である。英語の物理学の教科書には、Yukawa potential とか Yukawa field などという言葉がでている。中間子の「場」のことを湯川場というのである。

日本でふたつめのノーベル賞は朝永振一郎博士が受賞した。量子場の「くりこみ理論」の業績が認められたのだ。

だが、世界的に有名な、日本の現代科学の先駆者たちの業績を、どれくらいの日本人が理解しているだろうか?

この本では、「場」と「くりこみ」の解説を通じて、湯川博士と朝永博士の業績の一部にも、ちょっぴり触れてみたが、はたして、どれほどうまく伝わったことか。

数式を使わずに数理物理の話を書くために比喩を多用したが、数学的・物理学的な内容の正確さを損なったのではないかと、内心、戦々恐々としている。

読者のみなさまのご叱正を待つこととしたい。

ミレニアムの秋を鎌倉の寓居で迎えつつ

竹内薫

特別付録

ヒッグス場の話

この本の原稿を書いているとき、偶然にも、

「ヒッグス発見！」

の速報が飛び込んできた。（２０００年９月７日付　朝刊各紙）

ヒッグスは、素粒子に質量を与える役割をになう、謎の量子である。ヒッグスが素粒子なのか複合粒子なのか、いったい、どこから来たのか、何もわかっていない。どうして存在するのかすらわからない。

僕は物理学科を出て博士課程も修了したけれど、学者になら（れ）なかった。今から考えると、僕ほど学者に向いていない人種も珍しい。飽きっぽいし、いい加減だし、朝は寝ているし…

…。だが、若いころは、適性なんてまったく頭になかったわけ。

僕の論文は、唯一、物理学関係の専門誌である『フィジカルレヴュー』という雑誌に発表したもので、それは、１９８８年に書いた修士論文を短く要約したものだった。

「未来の電子・陽電子型加速器における中間質量ヒッグスボソンの生成」

という長たらしい題名の論文。

あのころは科学者の卵だった。寒すぎるカナダの街で、ひたすらヒッグス粒子の検出実験の理論計算をやっていた。雪の日も霰《あられ》の日も霙《みぞれ》の日も……来る日も来る日も、理論計算をやって、実験屋さんたちに、

「ほら、ここを探せば見つかるかもしれませんよ」

とアドバイスをする仕事だった。なんだか、やけになつかしい。

あれ？　新聞には、ヒッグスの質量は、１１４０億電子ボルトだとある。僕が論文で考察した質量は、１０００億電子ボルトから１６００億電子ボルトのあいだだった気がする。おー、ピッタリ、いいところを計算していたわけだ。（「電子ボルト」というのは電子を1ボルトの電圧で加速したときのエネルギーのこと。エネルギーはアインシュタインの式によって mc^2 だから、電子ボルトを c の2乗で割ると、質量の次元になる！）

でも、僕のやった理論計算は、まったくの無駄だったのだ。なぜなら、ヒッグスが実験的に検

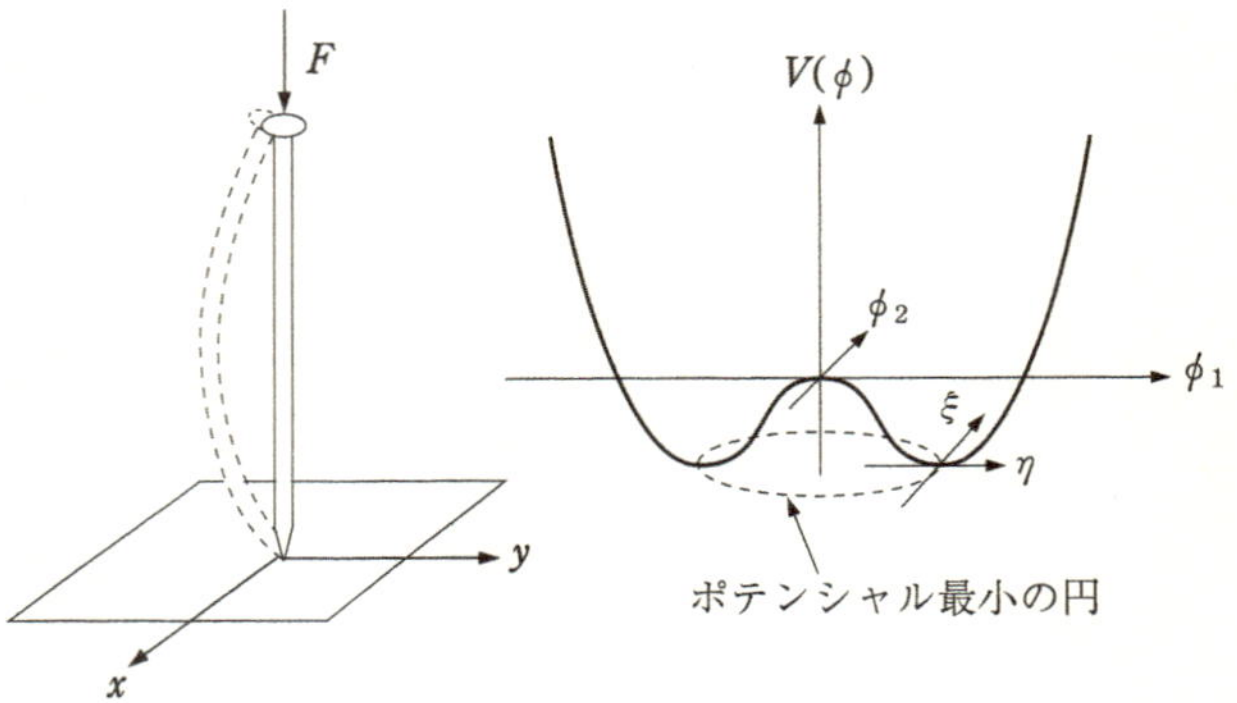

図57　ヒッグス粒子の「メキシカン帽」ポテンシャル
『クオークとレプトン』F.ハルツェン，A.D.マーチン著，
小林澈郎、広瀬立成訳（培風館）より

出できるかどうかは、紛らわしい反応の山に埋もれてしまわないかどうかにかかっているので、トップクオークの質量に左右されるからだ。

　トップクオークが発見されたのは１９９４年のこと。だから、当時は、トップクオークの質量がわからなかった。そして、僕は、トップクオークがヒッグス粒子の半分以下の質量だと見積もっていたのだ。つまり、５００億電子ボルトから８００億電子ボルトのあいだ。そして、発見されたトップクオークの質量は、無慈悲にも、１８００億電子ボルトであった。

　その時点で、僕の論文は「ゴミ」同様の価値しかなくなったわけ。

　ああ、学者の道を歩んでいなくてよかっ

た。

というわけで、とてもタイムリーな話題なので、ヒッグス場の話を追加することにした次第。

さて、素粒子論の一般啓蒙書をひもとけば、ヒッグスの話は必ず出ている。ご覧になったこと、ありませんか？　こんなメキシカン帽みたいな図が出ているはずだ（図57）。

帽子はヒッグス場のポテンシャルをあらわしていて、帽子のてっぺんが不安定な真空で、つばに見える窪んだ部分が安定な真空なのだという。そして、「自発的対称性の破れ」によって、不安定な真空から安定な真空に転移するそうだ。

自発的対称性の破れというのは、セーターを編むときの編み棒を机の上に垂直にたてて、上から押すと理解できる。最初は真っ直ぐなままだが、力が大きくなると、突然、クニャッと曲がるでしょう。棒は、どんな方向にも曲がることができるが、とにかく、ある方向に折れ曲がるのである。それが、自発的対称性の破れ。

うん？　なんだかわからないゾ。

ヒッグス場のアイディアの起源は、超伝導にあり、南部陽一郎先生が、最初に質量を生み出す方法を考えられた。だが、質量は生まれるものの、同時に「南部-ゴールドストン・ボソン」と呼ばれる質量ゼロの余分な粒子が出てきてしまって、うまくいかなかったのである。それをヒッグスやキップルといった人たちが解決して、いわゆる「ヒッグス機構」として、素粒子に質量を与えるもっともらしい方法として認められるようになったわけ。

だが、やはり、わからないなぁ。

だって、超伝導のことは詳しく知らないし、どうして、質量ゼロの粒子が出てくるかもわからないし……めんどうくさいから、もう、やめた！

と、言われると困るので、まじめで標準的な解説は、標準的な解説本で学んでもらうことにして、この付録では、ファインマン図を使って、なんとなく、わかったような気分を味わってもらおうではありませんか。まあ、数式を使えば、きちんと説明できるわけだが、それは、巻末の参考書でもご覧ください。

と、開き直って、もう一度、仕切り直し。

この本の最初のほうに出てきた、マックスウェルの歯車と変位電流のモデルを思い出してください。あそこで、誘導電流の話をした。電流のスイッチを入れると、近くのコイルに、逆向きの誘導電流が流れるのだった。また、スイッチを切ると、これまで流れていたのと同じ方向に誘導電流が流れるのだった。この両方の場合とも、「慣性」という言葉で説明することができる。つまり、コイルを貫く磁場を変化させまいとして、誘導電流が流れるのである。変化を嫌うというか、変化に抗《あらが》うというか。（今になって考えてみれば、これは、52ページに示したマックスウェルの方程式の②にしたがって、磁場が変化すると電場の「カール」が生まれるのだということが

わかる）

この慣性は、なんとなく、質量に似ているでしょう。なぜなら、質量というのは、動きにくさのことだったから。

そうそう、そういえば、最初にやった玉とバネの模型でも、復元力を与える縦のバネが「場」の質量のもとになるのであった。

こうやって、つらつらと思い返してみると、なんとなく、質量のヒントが、あちこちに隠されているような気がしませんか？

ようするに、素粒子を動きにくくする何かがあればいいのではあるまいか。マックスウェルが変位電流を考えたのと同じように、今の場合は、復元力のバネのような役割を果たす何物かが必要なのだ。

で、結論からいうと、その何かが「ヒッグス場」というからくりなのです。

たとえば、プールに入って、泳がずに、ふつうに歩いてみよう。当然のことながら、水の抵抗によって、歩みは遅くなる。まるで、自分のからだが重くなったように感じるはずだ。

あるいは、ぬかるみに足を取られた経験を思い起こしてみてください。ねばっこい泥にくっつかれて、動きにくくなってしまうでしょう。

この水や泥のように、素粒子にひっついて、素粒子が遠くに行かれなくしてしまうのがヒッグ

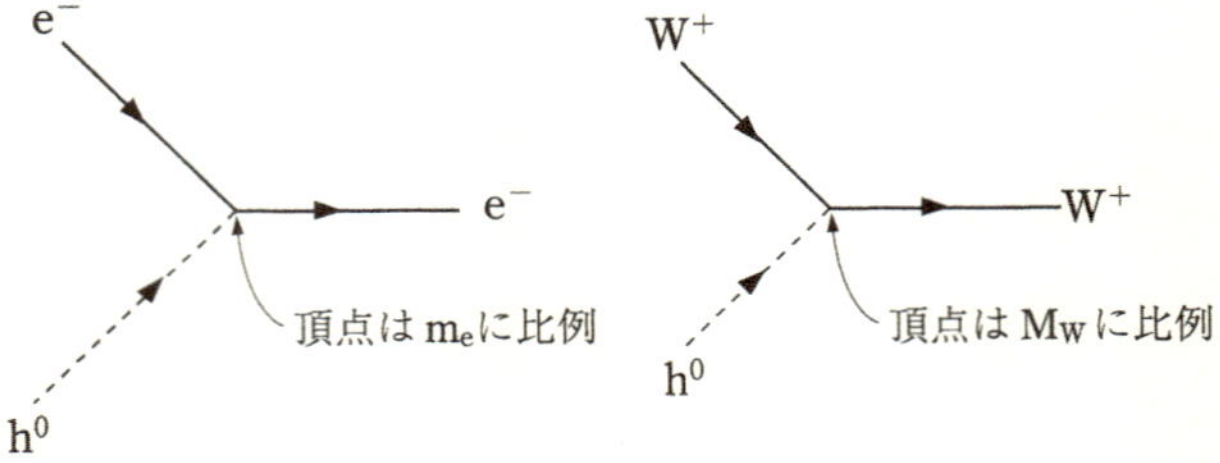

図58　ヒッグス粒子のファインマン図

ス場なのです。

ここで、本書で最後となるファインマン図をご覧いただくこととしよう（図58）。

ウィークボソンや電子がヒッグスと「ダンス」をしているところである。ここで注目していただきたいのは、「頂点」に割り振られた結合の強さ。

うん？　ヒッグスとWボソンの頂点は、Wボソンの質量M_Wになっている。電子ともまたしかり。

なんと、ヒッグス粒子は、他の素粒子の「質量」に比例して相互作用をするのである！　だから、各素粒子は、その質量に応じた強さで、ヒッグスにからみつかれて身動きがとりにくくなる。素粒子たちは、ヒッグスに腕をつかまれて、無理矢理ダンスを踊らされているような構図なのだ。

問「なぜ素粒子に質量があるのであるか？」

答「素粒子の質量に応じて結合するヒッグス場が存在するから」

うーむ、やはり、禅問答のようだ。実際、これは、理解するための方便であって、原理的な説明になっていない。

いずれにしろ、宇宙には、ヒッグス場がまんべんなく拡がっていて、電子にしろ、ウィークボソンにしろ、光速で動くことができなくなってしまう。

じゃあ、どうして、光子は質量がないままなのか？

それは、光子がヒッグスと相互作用しないから。つまり、ヒッグスと光子がダンスをする「頂点」は存在しない。ヒッグスにも好みがあるのか、光子はまったく相手にされないから、スイスイと常に光速で動き回っていられるという次第。

まあ、将来、量子重力理論が完成した暁には、ヒッグスの起源も明らかになるだろうから、そのときこそ、本当の意味で、質量の起源が解明されるのだといえるだろう。

そのときまでは、とにかく、ヒッグス場があるから質量が生まれる、という説明で我慢しなくてはならない。

それにしても、宇宙の隅々まで拡がっているのだとすると、ヒッグス場って、ようするに「エーテル」のことじゃないのか？

ある意味で、この考えは正しい。だが、それでも、特殊相対性理論はひっくり返らない。なぜなら、特殊相対性理論の基礎にある「光速」で動く光子は、この現代版のエーテルの影響を受けないのであるから。

いや、なんとも巧いことを考えたものです……。

（附記：２００６年春の段階でヒッグス粒子発見のニュースは、追試が行なわれず、未確定とされています。物理学の発見では、このように、大々的にニュースが流されたあとに、結果が追認されずに未確定の状態になることがままあります。今後の実験に期待しましょう！）

を見てみましょう。

$$\frac{\partial}{\partial t'}=\frac{\partial t}{\partial t'}\frac{\partial}{\partial t}+\frac{\partial x}{\partial t'}\frac{\partial}{\partial x}$$
$$=\frac{1}{\sqrt{1-v^2}}\frac{\partial}{\partial t}+\frac{v}{\sqrt{1-v^2}}\frac{\partial}{\partial x}$$

なので、二回微分すると、

$$\frac{\partial^2}{\partial t'^2}=\left(\frac{1}{\sqrt{1-v^2}}\frac{\partial}{\partial t}+\frac{v}{\sqrt{1-v^2}}\frac{\partial}{\partial x}\right)\left(\frac{1}{\sqrt{1-v^2}}\frac{\partial}{\partial t}+\frac{v}{\sqrt{1-v^2}}\frac{\partial}{\partial x}\right)$$
$$=\frac{1}{1-v^2}\frac{\partial^2}{\partial t^2}+\frac{2v}{1-v^2}\frac{\partial}{\partial t}\frac{\partial}{\partial x}+\frac{v^2}{1-v^2}\frac{\partial^2}{\partial x^2}$$

となる。同様に、

$$\frac{\partial^2}{\partial x'^2}=\frac{v^2}{1-v^2}\frac{\partial^2}{\partial t^2}+\frac{2v}{1-v^2}\frac{\partial}{\partial t}\frac{\partial}{\partial x}+\frac{1}{1-v^2}\frac{\partial^2}{\partial x^2}$$

である。だから、うまい具合に余分な項が打ち消し合って、

$$\frac{\partial^2}{\partial t'^2}-\frac{\partial^2}{\partial x'^2}-\frac{\partial^2}{\partial y'^2}-\frac{\partial^2}{\partial z'^2}=\frac{\partial^2}{\partial t^2}-\frac{\partial^2}{\partial x^2}-\frac{\partial^2}{\partial y^2}-\frac{\partial^2}{\partial z^2}$$

いい換えると、

$$\Box'=\Box$$

になって、ダランベルシャンは形が変わらない。
結論：特殊相対論のローレンツ変換でマックスウェル方程式は形が変わらない

ちなみに、ニュートンの方程式のほうは、ローレンツ変換で形が変わってしまう。

さて、これも導かずに天下り的に書いてしまうが、電場と磁場は、ローレンツ変換によって、

$$E'_x = E_x \ , \qquad B'_x = B_x$$

$$E'_y = \frac{E_y - vB_z}{\sqrt{1-v^2}} \ , \qquad B'_y = \frac{B_y + vE_z}{\sqrt{1-v^2}}$$

$$E'_z = \frac{E_z + vB_y}{\sqrt{1-v^2}} \ , \qquad B'_z = \frac{B_z - vE_y}{\sqrt{1-v^2}}$$

となる。つまり、x 方向に速さ v で動いている次郎から見ると、進行方向に直角な y および z 方向の電磁場の様子が変わるのである。電場は磁場と混ざって、磁場は電場と混ざる。ということは、仮に、太郎にとっては電場しかなかった場合でも、次郎が同じ電磁場を眺めると、電場だけでなく磁場もあるように見えることになる。

なんか変だぞ！

いえいえ、何も変ではありません。電場や磁場を「実体」として考えるから、それが混ざったりなくなったりすると変だと感じるだけなのです。電場や磁場は、あくまでも、観測する人によって見え方がちがう「現象」にすぎない。つまり、t や x といった座標系と同じ。

比喩的にいえば、同じ人間の顔を正面から見るか、横から見るかのちがいのようなもの。正面の顔と横顔がちがっていても矛盾はしない。

さて、電磁場は混ざってしまうが、単なる一次結合なので、何も問題はない。もしも、

$$\Box = \Box'$$

であれば、方程式の形は変わらないことになる。

そこで、本当に、ダランベルシャンが同じ形になるかどうか

う変わるかがポイントである。つまり、太郎の目から見たマックスウェルの方程式と次郎の目から見たマックスウェルの方程式が同じ形をしているかが問題なのだ。

同じ形であれば、物理法則がローレンツ変換によって変わらない、ということになる。ローレンツ変換によって形が変わらないことを「共変」(covariant) と呼ぶ。

マックスウェル方程式の共変性をまともに論じるには数学のベクトル算法の知識が必要になるので、(この本は数式本でないので、) そこはお許しいただいて、「ちょっと変形する」と、真空では、太郎から見た方程式が次のような形になることから出発する。

$$\left(\frac{\partial^2}{\partial t^2}-\frac{\partial^2}{\partial x^2}-\frac{\partial^2}{\partial y^2}-\frac{\partial^2}{\partial z^2}\right)\boldsymbol{E}(t,\ x,\ y,\ z)=0$$

$$\left(\frac{\partial^2}{\partial t^2}-\frac{\partial^2}{\partial x^2}-\frac{\partial^2}{\partial y^2}-\frac{\partial^2}{\partial z^2}\right)\boldsymbol{B}(t,\ x,\ y,\ z)=0$$

これを略して、

$$\Box E=0$$
$$\Box B=0$$

と書く。□はダランベルシャンと呼ばれる (ダランベール演算子)。これは、波動方程式である。電磁波の方程式というわけ。

さて、問題は、次郎から見た方程式が、同じ「形」になるかどうかである。まったく「同じ」(不変) である必要はなく、「同じ形」(共変) であればいい。つまり、

$$\Box' E'=0$$
$$\Box' B'=0$$

であればいいのだ。

付録　マックスウェル方程式が特殊相対論と整合的であること

「どうして、ニュートン力学は特殊相対論によって覆ったのに、マックスウェルの電磁気学は特殊相対論と共存できるのか？」という質問をよく受ける。

特殊相対論は、観測者の立場によって世界がどう見えるかを論じる理論であって、よく引き合いに出されるシチュエーションは、次のようなもの。

太郎の座標系を（t、x、y、z）であらわして、次郎の座標系を（t'、x'、y'、z'）であらわす。

次郎が太郎からみて x 方向に速度 v で遠ざかっているとき、二つの座標系の間の関係は、ローレンツ変換：

$$t'=\frac{t-vx}{\sqrt{1-v^2}}\ ,\qquad x'=\frac{x-vt}{\sqrt{1-v^2}}$$

$$y'=y\ ,\qquad z'=z$$

であらわされる。逆の変換は、 v の方向が逆になって（$-v$）になるので、

$$t=\frac{t'+vx'}{\sqrt{1-v^2}}\ ,\qquad x=\frac{x'+vt'}{\sqrt{1-v^2}}$$

$$y=y'\ ,\qquad z=z'$$

となる（ただし、光速＝1 とおいた）。

y 方向と z 方向は変わらないが、それは、太郎と次郎の相対速度が x 軸上にあると仮定しているからである。直線運動なので、これで一般性は失われない。このような直線運動している別人の立場の観点への移行のことを「ブースト」と呼んでいる。

さて、マックスウェルの方程式が、このブーストによってど

参考図書

さらに読み進めたい読者のために参考文献を厳選してご紹介しておく。（網羅的なものではありません。念のため）

パウリの逸話

『スピンはめぐる　成熟期の量子力学』朝永振一郎（中央公論新社）

マックスウェルと場の話

『物理学読本』朝永振一郎編（みすず書房）

『古典場から量子場への道』高橋康（講談社サイエンティフィク）

『真空・物質・エネルギー　場の量子論への系譜』矢吹治一（サイエンス社）

量子論とファインマン図とくりこみの話

『鏡の中の物理学』朝永振一郎（講談社学術文庫）

『クォークとレプトン　現代素粒子物理学入門』Ｆ・ハルツェン、Ａ・Ｄ・マーチン著　小林澈郎、成瀬立成訳（培風館）

『ゲージ理論入門』Ｉ・Ｊ・Ｒ・エイチスン、Ａ・Ｊ・Ｇ・ヘイ著、藤井昭彦訳（講談社サイエンティフィク）

『無限大にいどむ　甦るくりこみ理論』荒牧正也（大月書店）

『光と物質のふしぎな理論　私の量子電磁力学』Ｒ・Ｐ・ファインマン著　釜江常好、大貫昌子訳（岩波書店）

「くり込み理論入門」青木健一（『数理科学』１９８９年６月号　サイエンス社）

『アインシュタインとファインマンの理論を学ぶ本』竹内薫（工学社）

アインシュタインの重力理論の話

『A Short Course in General Relativity』J.Foster and J.D.Nightingale（Springer）

付録

『物理入門　下』砂川重信（岩波書店）

『相対論と宇宙論』佐藤文隆（サイエンス社）

【ま行】

【や行】

【ら行】

【わ行】

【た行】

【な行】

【は行】

索　引

N.D.C.421　252p　18cm

ブルーバックス　B-1310

「場《ば》」とはなんだろう
なにもないのに波が伝わる不思議

2000年11月20日　第1刷発行
2024年9月13日　第15刷発行

著者　竹内《たけうち》　薫《かおる》

発行者　森田浩章
発行所　株式会社講談社
〒112-8001 東京都文京区音羽2-12-21
電話　出版　03-5395-3524
販売　03-5395-4415
業務　03-5395-3615
印刷所　（本文表紙印刷）株式会社ＫＰＳプロダクツ
（カバー印刷）信毎書籍印刷株式会社
製本所　株式会社ＫＰＳプロダクツ

定価はカバーに表示してあります。

ISBN4−06−257310−5

発刊のことば

科学をあなたのポケットに

二十世紀最大の特色は、それが科学時代であるということです。科学は日に日に進歩を続け、止まるところを知りません。ひと昔前の夢物語もどんどん現実化しており、今やわれわれの生活のすべてが、科学によってゆり動かされているといっても過言ではないでしょう。

そのような背景を考えれば、学者や学生はもちろん、産業人も、セールスマンも、ジャーナリストも、家庭の主婦も、みんなが科学を知らなければ、時代の流れに逆らうことになるでしょう。

ブルーバックス発刊の意義と必然性はそこにあります。このシリーズは、読む人に科学的に物を考える習慣と、科学的に物を見る目を養っていただくことを最大の目標にしています。そのためには、単に原理や法則の解説に終始するのではなくて、政治や経済など、社会科学や人文科学にも関連させて、広い視野から問題を追究していきます。科学はむずかしいという先入観を改める表現と構成、それも類書にないブルーバックスの特色であると信じます。

一九六三年九月

野間省一